结构可靠性理论及其工程应用

程凯凯◎著

中国石化出版社

内 容 提 要

　　本书基于可靠性理论在土木工程中的应用与发展，针对目前预制构件性能检验方法的缺陷，按现行设计方法的可靠度控制方式，采用结构可靠度和统计学的方法，建立基于概率的混凝土构件性能检验方法，使构件性能检验建立于结构可靠度理论和统计学的基础上，在可靠度控制上实现与现行设计方法的衔接，在适用范围上满足建筑工业化的需要，从而为建筑工业化提供更可靠的技术保障。

　　本书可供土木工程及相关领域的研究人员、工程技术人员使用，也可作为土木工程专业学生的参考资料。

图书在版编目(CIP)数据

结构可靠性理论及其工程应用 / 程凯凯著 . —北京：
中国石化出版社，2021.3
ISBN 978-7-5114-6189-6

Ⅰ. ①结… Ⅱ. ①程… Ⅲ. ①工程结构-结构可靠性-研究 Ⅳ. ①TU311.2

中国版本图书馆 CIP 数据核字(2021)第 047219 号

中国石化出版社出版发行
地址:北京市东城区安定门外大街 58 号
邮编:100011 电话:(010)57512500
发行部电话:(010)57512575
http://www.sinopec-press.com
E-mail:press@ sinopec.com
北京捷迅佳彩印刷有限公司印刷
全国各地新华书店经销
*
710×1000 毫米 16 开本 11.5 印张 215 千字
2021 年 3 月第 1 版　2021 年 3 月第 1 次印刷
定价:60.00 元

　　结构可靠性理论是一门涉及多种学科并与工程应用有着密切联系的学科，对结构设计能否符合安全可靠、耐久适用、经济合理、技术先进、确保质量的要求，起着重要的作用。结构可靠性分析与控制的核心是以定量方式描述和分析影响结构功能的各种不确定因素，揭示结构在未来时间里满足或不满足预定功能要求的可能性，并将其限定于可接受的范围之内。结构可靠性理论的发展主要是围绕这一核心展开的，其基本内容包括结构可靠性的度量、分析、校核、设计与评定等，在结构设计、结构评定、结构加固等领域内，都有应用且已经取得丰硕的成果。

　　本书针对目前国内外构件性能检验方法的发展趋势，研究和建立可直接反映设计规范对受弯构件性能的可靠度要求，考虑受弯构件性能变异性的影响，特别是计算模式不定性的影响，从概率角度按可靠度要求判定受弯构件性能的检验方法。它可直接应用于形式或材料上不同于目前标准构件和非模数制构件的新型构件，并直接考虑受弯构件性能保证率、变异系数、构件抽样个数以及检验时置信水平的不同影响。该方法可被称为基于概率的构件性能检验方法。本书的研究建立于结构可靠度理论和统计学理论基础之上，利用构件性能设计值的区间估计法，建立基于概率的混凝土受弯构件性能检验基本表达式，克服了目前检验方法在可靠度要求反映方式、构件性能变异性影响、构件性能判定方法等方面的缺陷，且不影响复式抽样方式的使用；概率检验标准中受弯构件性能的变异系数和保证率根据各影响因素的统计结果和设计规范的规定确定，它们一般不依赖于具体的构件，但往往与配筋率等因素有关，可根据设定的构件失效时的检验标志，确定不同条件下的代表值；概率检验标准中的置信水平可通过对现行检验标准等效置信水平的校核和对校准结果的综合分析确定，最终形成基于概率的混凝土受弯构件性能检验基本方法。该法可克服目前检验方法的缺陷，使混凝土受弯构件性能的检验建立于良好的理论基础上，且保证其风险水平与目前检验方法基本一致。

本书获"西安石油大学优秀学术著作出版基金"及"陕西省自然科学基础研究计划项目（项目编号：2019JQ-055）"资助出版，在此深表感谢。在编写过程中，参考了西安建筑科技大学姚继涛老师2008年出版的《既有结构可靠性理论及应用》和2011年出版的《基于不确定性推理的既有结构可靠性评定》中的部分内容，对此表示衷心的感谢。

由于本书中许多内容都是探索性的，难免有不正确之处，恳请读者批评指正，不吝赐教。

目 录

CONTENTS

1 结构可靠性的基本概念体系

1.1 可靠性理论的基本思想

可靠性理论是以结构的寿命特征为主要研究对象的，它是 21 世纪 40 年代发展起来的一门综合性技术理论。随着科学技术的发展，可靠性理论得到了迅速的发展。随着可靠性理论分析的日趋定量化、模型化，用到的数学工具也越来越复杂，因而可靠性数学已成为可靠性理论的重要基础理论之一。结构可靠性理论的产生，是以 20 世纪初期把概率论和数理统计应用于结构安全度分析作为标志的。长期以来，人们主要凭工程经验进行设计和施工，各类工程结构因为各自特点的不同，加上人们认识和经验的局限性，所以无法用统一的标准来定量结构的安全性。而基于工程结构可靠度理论的设计法可以定量且统一地衡量各类工程结构的质量保险程度，所以更具科学性和合理性，因而可靠度理论对结构设计理论的向前发展起了极大的促进作用。

可靠性理论的许多基本概念的定义，都是用数学中的术语给出的，所以必须要理解好这些基本概念的严格数学定义，否则，就会在工作中造成概念上的混乱；同时一个可靠性工作者，也只有在熟悉了可靠性理论中的数学方法之后，才能根据问题合理地建立起数学模型（概率模型和统计模型）。20 世纪中叶以来，可靠度理论进一步完善和发展，被世界各国规范、标准相继采纳，称为土木工程专业的基础理论之一，包括我国在内的许多国家已经或正在建立以可靠性理论为基础的结构规范体系。

目前，我国的基本建设正处于蓬勃发展时期，为更好地使广大土建结构科研、设计、施工技术人员适应这种形势，在大学土木类学生和工程技术人员中推广、普及结构可靠性理论已成为当务之急。

结构的寿命是一个非负的随机变量，研究结构寿命特征的主要数学工具是概率论和数理统计，所以可靠性数学就成了应用概率论和数理统计的一个分枝；在可靠性理论研究中又与决策问题及最优化问题有密切关系，可靠性数学又是运筹学的一个重要分枝。

结构可靠性中的"结构"泛指各类与人们关系密切的土木工程结构，从广义上讲也是一种产品，如工业与民用建筑结构、公路和铁路的桥梁涵洞及路面结构、水利工程结构、港口工程结构等。

通常人们所说的"可靠"指的是某种产品在一定前提下"可以信赖"或"可以信任"，即在满足一定条件下才可以信赖。例如对于一种产品，当人们认为它在要求的条件下正常运行和工作时，这种产品就被称为是可靠的，否则属于不可靠的。

结构在可靠性中的"可靠"是指在工程结构的设计中，认为设计出的结构在一定概率水平上能满足预期的功能需求。在工程结构设计中，对其安全性、适用性和耐久性都有专门的要求，以使这些结构在施工、使用和维修加固时期内，在一定的概率水平上安全地承受人群、设备、车辆、波浪、水流、土压力、风、雪、温度、地震、爆炸等各类作用，并满足预期的各种功能要求，特别是对一些重要的构筑物和有特殊要求的结构，如核反应堆结构、防战争结构、海洋结构、有纪念意义的建筑和古建筑等，还会有更高的要求。所以，工程结构的设计应采用解决非确定性问题的理论和方法，而可靠性设计理论就是这类方法之一。

然而长期以来，由于工程结构设计所应遵循的基本内容已编辑成规范，结构实际性能的反馈又相对较少，所以在很大程度上加强了确定性设计思想。例如，很多工程师误认为设计绝对安全的结构是可以达到的，而实际上要达到所谓的绝对安全，只有调用无限多的资源才有可能实现。再者，按照目前各类规范设计出的工程结构也是具有一定失效风险的，所以用确定性思想支配工程结构是完全错误的，关于这一点在后面还会详细阐述。

因为实际设计会受到各种随机因素的影响，所以工程结构应用可靠性思想来主导设计。结构设计的主要目标应是在可接受的概率水平上，保证结构在规定的设计使用期内，能够满足所预期的各种功能要求，故此，可对结构可靠性下一明确的定义，即结构在规定的时期内，在规定的条件下，完成预定功能的能力。度量结构可靠性的数量指标为结构可靠度。这种基于统计数学观点对可靠度所下的定义是比较科学的，因为在各种随机因素的影响下，结构完成预定功能的能力，只能用概率来度量才较符合客观实际。

可靠度的狭义内涵可认为是结构安全性、适用性、耐久性三者的综合，即在特定的设计使用期内，在规定的条件下，结构超过和不超过安全性、适用性、耐久性规定的各极限状态的概率。

目前结构工程领域的研究，特别是对结构耐久性问题的研究，要求从更广的角度和更深的层次考察结构的状态，拓展结构状态的概念。从本质上讲，结构状态(structural state)应指结构及其材料所有的外在和内在形态，它们可被划分为四类：

（1）几何状态，如结构构件的相对位置和几何尺寸，结构的位移和变形，构件裂缝的分布、形状和宽度，材料的应变，基础的位移等；

（2）力学状态，如结构构件内力、材料应力、钢筋与混凝土间的黏结力、高强螺栓与钢板的摩擦力等；

（3）物理状态，如结构构件的温度场和相对湿度、钢筋钝化膜表面的极值电位、钢筋中的电流密度等；

（4）化学状态，如混凝土的碳化深度、混凝土液相的 pH 值、结构材料的腐蚀速率等。

除目前经常涉及的几何和力学状态，这里的结构状态还包含物理和化学状态，涉及结构材料的分子、离子等物质层次，是完整描述结构及其材料形态的重要概念。之所以做这样的拓展，是因为目前结构工程领域的研究已深入到这样的物质层次和形态。

结构性能（structural performance）与结构状态有着密切关系，它们也可被划分为四类：

（1）几何性能，如构件的截面面积、惯性矩和长细比，构件局部受压面积，钢筋混凝土构件的配筋率等；

（2）力学性能，如结构的承载能力、抗裂能力、变形模量、刚度、固有频率等；

（3）物理性能，如结构材料的热膨胀系数、构件的耐火性能、混凝土的抗渗性和抗冻性、混凝土的电阻率等；

（4）化学性能，如结构材料的耐酸性能、混凝土集料的活性等。

传统的结构可靠性分析中，通常关注的是结构的几何、力学性能，如构件的截面面积、惯性矩、配筋率、刚度、承载能力等，因为它们对结构可靠性的影响往往是显著的；但一些情况下，如结构承受较大的温差作用时，或者长期遭受较严重的化学侵蚀时，结构的物理、化学性能则会对结构的可靠性造成不可忽略的影响。分析结构的可靠性时，宜全面考察结构的几何、力学、物理和化学性能。

结构状态中，内力、变形、应力、应变、裂缝等是传统结构分析中的重点内容，它们的变化会直接影响结构的性能和可靠性，而引起这些状态变化的主要原因便是目前所称的"作用"（action），包括直接作用（direct action）和间接作用（indirect action）。前者指集中或分布的机械力，亦被称为荷载（load）；后者指引起结构外加变形或约束变形的原因。它们会直接导致结构上述状态的变化，并可能改变结构的性能。但是，目前的"作用"主要概括的是结构几何、力学状态变化的原因，并不是结构几何、力学、物理、化学等所有状态变化的原因。诸如混凝土液相 pH 值的降低、钢筋表面极值电位的下降、钢筋中电流密度的增大、材料腐蚀速度的加快等，并非源于目前的"作用"。

长期的工程实践说明，结构物理、化学状态的变化及其影响同样是不可忽略的。诸如二氧化碳在混凝土中的渗透与扩散、混凝土中孔隙水的冻结与融化、材料组分的结晶和溶解等，虽然初期不会引起结构状态的显著变化，但历经较长时间后，它们的影响便会逐渐显露，最终导致结构物理、化学状态的显著变化，并引起结构性能的变化。从设计的角度讲，人们不仅要建造一个性能良好的结构物，还应保证其在足够长的时间内保持或基本保持其良好的性能，因此引起结构物理、化学状态变化的原因也应为人们所关注。

为全面概括结构状态变化的原因，可将所有引起结构几何、力学、物理、化学状态变化的原因统称为作用，并将其分为四类：

（1）机械作用，如各种集中力和分布力的施加、地基基础的相对位移、对结构或材料自由变形的约束、能量波的输入（如地震）、高速水流的冲刷、风沙的侵害、移动车轮和流动物料的摩擦等；

（2）物理作用，如热辐射，水分的渗入、蒸发与冻融，材料组分的结晶和溶解，电场和磁场的影响等；

（3）化学作用，如腐蚀介质对结构材料的侵蚀、混凝土中的碱-集料反应（源自结构内部的作用）等；

（4）生物作用，如白蚁对木材的噬咬，材料表面苔藓、藻类植物的影响等。

目前的"作用"实际上只涵盖了上述的机械作用和部分物理作用（如温度作用等）。对于实际环境中的结构物，设计和评定中需考虑的作用不应完全按主观设定的未来场景确定，任何施工和使用过程中不可忽略的、能够改变结构状态的作用原则上都应被纳入考虑的范围，包括机械、物理、化学和生物作用，以保证结构实际具有的可靠性满足要求。这里定义的作用概括了所有引起结构状态变化的原因，具有更广泛的含义，与拓展后的结构状态和结构性能的概念是相互对应的。

为考虑其他因素对结构性能和状态的影响，《结构可靠性总原则》（ISO 2394：2015）中在保留过去"作用"术语的同时，引入了"环境影响"（environmental influence）术语，它指可能引起结构材料性能劣化，并进一步导致结构适用性和安全性衰退的物理、化学或生物方面的影响。环境影响是对目前"作用"这一概念的重要补充，它的引入标志着国际标准中开始在更广的范围和更深的层次考虑结构状态变化的原因。

环境影响主要是针对耐久性问题提出的，但《结构可靠性总原则》（ISO 2394：2015）中的"环境影响"仍被限定于可能引起结构材料性能劣化的范围，且不包括机械方面的影响，并不能涵盖所有可能引起结构材料损伤的原因，如导致结构材料损耗的机械作用。为全面概括引起结构材料损伤的原因，可将环境影响定义为：可能引起结构材料损伤，并进一步导致结构适用性和安全性衰退的机械、物理、化学或生物的影响。它涵盖了所有可能引起结构材料损伤的原因，包括结构材料性能劣化、损耗和内部结构物理损伤的原因。

与作用概念相对应，作用效应（action effect）应指作用引起的所有结构状态的变化，它不是仅指内力、变形、应力、应变、裂缝等目前的"作用效应"，而是指所有结构几何、力学、物理、化学状态的变化，如结构构件温度场和相对湿度的变化、钢筋钝化膜的破坏、混凝土液相 pH 值的变化等。相应的，作用效应的组合也不是仅内力、应力等的组合，而是涵盖机械、物理、化学甚至生物作用效应的组合或耦合。

对作用、作用效应概念的这种拓展，有助于更全面地考察结构在实际环境中可能遭受的各种因素的影响。

结构可靠性的核心是结构完成预定功能的能力，而结构能否完成预定的功能最终是根据结构的状态判定的，通过对结构状态的考察可系统揭示结构可靠性的影响因素。

结构状态的变化，包括几何、力学、物理和化学状态的变化，与结构性能有着密切关系，如结构变形的变化受结构刚度的影响，结构是否开裂与结构材料的抗拉强度有关，它们是结构状态变化的内在原因，包括结构的几何、力学、物理和化学性能。结构状态变化的外在原因是作用，它代表了所有引起结构状态变化的原因，包括机械、物理、化学和生物作用。结构性能和作用共同决定了结构状态的变化。

结构性能变化的根本原因是作用，包括混凝土碱-集料反应等内部作用，但结构性能的变化首先源于结构状态的变化。例如，钢筋混凝土适筋梁抗弯能力的丧失源于其受压区边缘纤维混凝土压应变的增大，混凝土中钢筋的锈蚀源于混凝土碳化区域的深入、pH 值的降低等。结构状态变化并达到极限状态的过程中，结构性能可能保持不变，这种现象主要存在于结构达到正常使用极限状态的过程中，如钢构件的挠度在弹性范围内达到其限值的过程；但绝大多数情况下，结构性能都会随着结构状态的变化而出现不同程度的衰退，从而加剧结构状态的变化，这种变化本质上是通过作用对结构状态的改变产生的。

综上所述，结构可靠性与结构性能、作用、结构状态之间的关系可表达为图 1-1 所示的关系，其中结构性能和作用分别代表了结构可靠性的内在和外在影响因素。

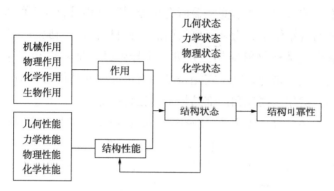

图 1-1 结构可靠性的基本影响因素

对于既有结构，除结构性能和作用，决定结构可靠性的因素还应包括结构当前的状态。既有结构未来的状态可被分解为两部分：结构当前的状态、结构状态未来的变化。结构性能和作用所决定的是结构状态未来的变化，而结构当前的状态则是历史作用的现实结果，它们是既有结构状态变化的"原点"，对结构未来的状态也有着直接的影响，并影响既有结构的可靠性。因此，决定既有结构可靠性的基本因素可被概括为三个方面：结构性能、作用、结构当前的状态。分析和评定既有结构的可靠性时，应从这三个方面综合考察。

不能用确定性的思想支配工程结构设计。首先，结构在正常使用过程中，其强度和荷载效应的变化是未知的，挠度和裂缝宽度的检测也存在困难，且其实际数值与理论计算结果的一致性也无法验证，所以，不能简单地认为设计结果是绝对可以满足预定功能的。其次，从整个设计过程来看，通常工程计算中涉及的很多量和计算本身都带有某种不定性。比如，各荷载的上限值和材料性能的下限值是很难界定的，特别是在某些性能只能通过破坏性试验测量的情况下，则只能用质量控制来近似解决，加之一般抽样试件和实际使用材料之间的性能不可能完全一样，所以由质量控制和试验分析所得实际结构性能的界限肯定不可能完全准确。设计时采用的计算模式和计算方法的近似性以及工程师对计算结果的判断和所采取的对策也会造成设计结果的不确定性。最后，在施工阶段，测量和施工的误差会引起建成结构性能的不确定性变化，比如构件尺寸的测量误差、构件和钢筋等的位置误差、混凝土配合比称量不准确以及人为的失误等均是造成结构不定性的可能原因。

实际上，几乎每天都有大量自然或人为的事故讲述着设计的不确定性，挑战着结构设计师的既有设计理念，比如矿难、火灾、地震、风灾、滑坡、洪灾、塌方、爆炸、施工事故等。要注意的是，造成结构损伤和倒塌的事故原因，除了上述客观因素外，还有人为疏忽的主观因素，同样具有不确定性。限于人类的经济状况和目前的认识水平，仍无法充分了解和掌握设计中所有不确定因素的发展变化规律，而人们即使能够把握设计中所有不确定性因素的变化规律，也无法设计建造出绝对安全的结构，所以必须承认这个事实，即企图设计和建造出一个在使用年限内绝对满足所预期各种功能要求的结构是不现实的。

当然，在一次次血的教训和重大的经济损失面前，人类也并非完全被动地接受大自然无情的宰割，可靠度理论的形成和发展就体现了人类在对付不定性问题时的智慧和努力。有目共睹的是，经过无数科研工作者和工程人员的不懈努力，人类的设计和施工水平一直在稳步提升，目前在工程结构方面取得的众多建设成就就是最好的证明。

设计和设计结果的不定性说明必须容许结构性能在使用时存在某种风险。因此，在制定标准和规范时，有必要用某些适当的近似方法使这些不定性定量化，来达到结构设计的主要目标，即在可接受的概率水平上，保证结构在规定的设计使用期内能够满足预期的用途，这就是可靠度理论的基本思想。

1.2　结构的可靠性

结构在规定的条件下和规定的时间内，完成规定功能的能力称为结构的可靠性。

"规定的时间"是指要求保持功能的使用时间、储存时间以及与时间相当的动作次数和运行里程等。离开时间就失去可靠性意义，而规定时间的长短，是随着结构对象不同和使用目的不同而异。譬如地下电缆和海底电缆要求几十年内可靠；一般的电视机和通信设备则要求在几千小时到几万小时内可靠。一般说来，结构的可靠性是随着结构使用时间的延长而逐渐降低，所以一定的可靠性是对时间而言的。

"规定的条件"是指使用条件、维护条件、环境条件和人的因素（或人机关系）等，这些条件对结构的可靠性都会有直接的影响。在不同的条件下，同一结构的可靠性也不一样。譬如由于实验室使用条件与现场使用条件的不同，对同一结构的可靠性就可能相差几倍到几十倍。所以不在规定的条件下谈论可靠性，就失去比较结构质量的前提。

"规定的功能"是指结构的各种技术性能指标。在讨论结构的可靠性之前，应先规定出结构达到什么样的技术性能指标才算可靠或不可靠，把结构丧失规定功能的状态称为结构发生故障或失效，相应的各项性能指标称为故障判据或失效判据。在讨论结构的可靠性之前，先合理地、明确地给出失效判据是很重要的，否则可靠性问题就会争论不休。

"能力"必须对它有定量的刻划，通常是用概率值来度量(以便说明结构可靠性的程度，它具有统计学的意义。"能力"通常指的是各种可靠性指标，常用的可靠性指标有可靠度、平均寿命和失效率等。这些基本概念，将在以后逐个介绍。

技术性能指标只能反映结构质量的一个方面，全面的结构质量应包含技术性能、可靠性、经济性等指标，即对某些结构在一定的意义下和一定场合下，可靠性指标比技术性能指标还重要。例如对于导弹、核武器等国防尖端结构来说，若是不可靠，就不能命中目标或发射不出去，有时甚至引起爆炸事件，这时它的技术性能指标再好也是没有意义的。当然，没有基本性能指标，结构的可靠性问题就无从谈起，结构的所谓不可靠是针对结构的某些基本性能指标而言的。结构的基本性能与结构的可靠性两者是不可分割的。

结构的可靠性指标与技术性能指标之间有一个很重要的区别点，那就是主要技术性能指标一般可以通过仪器测量而获得，如电子结构就能用测得的灵敏度、选择性、稳定度等表示其技术性能，而要衡量结构的可靠性，就必须进行大量的试验分析和调查研究工作，才能对结构的可靠度、平均寿命和失效率做出统计估计。

1.2.1 结构可靠性的基本概念

结构所要满足的功能要求是指结构在规定的使用年限内，满足下列四项功能要求：

(1) 能承受在正常施工和正常使用时可能出现的各种作用(包括荷载及外加变形或约束变形)；

(2) 在正常使用时具有良好的工作性能；

(3) 在正常维护下具有足够的耐久性；

(4) 在偶然事件(如超过设计烈度的地震、爆炸、车辆撞击、龙卷风等)发生时及发生后，仍能保持必需的整体稳定性(即结构筋产生局部的损坏而不致发生连续倒塌)。

在以上的 4 项功能要求中，第(1)项和第(4)项通常指结构的强度和稳定性，即所谓的安全性；第(2)项是指结构的适用性；第(3)项是指结构的耐久性，三者总称为结构的可靠性。因此结构的可靠性是指结构在规定的时间内，在规定的条件下，完成预定功能的能力。

结构可靠性分析中的结构可被划分为两类：拟建结构(structures in design)，即尚未建成的设计中的虚拟结构，或"图纸上的结构"；既有结构(existing structures)，即已建成的现实中的实体结构。前者为结构可靠性设计的对象，后者则为结构可靠性评定的对象。国内外对结构可靠性问题的研究主要集中于拟建结构，目的是为工程结构设计提供更为合理的理论基础，目前的近似概率极限状态设计方法便是以拟建结构可靠性理论为基础的，而目前对结构可靠性概念的理解和定义也主要是针对拟建结构的。

国际标准《结构可靠性总原则》（ISO 2394：2015）和欧洲规范《结构设计基础》（EN 1990：2002），将"结构或结构构件在设计考虑的使用年限内满足规定要求的能力"定义为结构可靠性（structural reliability）。结构可靠性理论被引入工程结构设计后，我国则一直将"结构在规定的时间内，在规定的条件下，完成预定功能的能力"定义为结构可靠性。国内外对结构可靠性概念的理解和定义基本一致，只是国际上明确是从设计角度阐述的，我国对此则未作限定，具有更好的包容性。

结构可靠性的定义概念外延显然比安全性大。度量结构可靠性的数量指标称为结构可靠度，其定义为：结构在规定的时间内，在规定的条件下，完成预定功能的概率。可见，结构可靠度是结构可靠性的概率度量。

这里所说的"规定的时间"，是指结构可靠性分析时考虑各项基本变量与时间关系所取用的设计基准期。目前，国际上对设计基准期的取值并不统一，例如国际"结构安全度联合委员会"（JCSS）建议的结构设计基准期为 50 年，加拿大"国际建筑法规"取 30 年，我国《建筑结构设计统一标准》（以下简称《统一标准》）规定建筑结构的设计基准期为 50 年。所说的"规定的条件"，一般是指正常设计、正常施工、正常使用条件，即不考虑认为过失的影响。

衡量一个结构是否可靠，或者说是否完成功能要求，应有明确的标志。因此，在工程设计中引入了按极限状态设计的概念。所谓极限状态，是指整个结构或结构的一部分超过某一状态就不能满足设计规定的某一功能要求，则此特定状态就称为该功能的极限状态。显然，我们要求所设计的结构应具有足够大的可靠度来保证不至达到规定的极限状态，只有这样，才能认为结构满足预定的功能要求。

结构的极限状态可以是根据构件的实际状况客观规定的，也可能是根据人们的经验、需要和人为控制而由专家论证给定的（如结构构件的允许变形、结构的允许裂缝宽度等）。我国《工程结构可靠性设计统一标准》（GB 50153—2008）将结构的极限状态分为两种，即承载能力极限状态和正常使用极限状态：

（1）承载能力极限状态。这种极限状态对应于结构或结构构件达到最大承载能力，或达到不适于继续承载的变形。

当出现了下列状态之一时，即认为超过了承载能力极限状态：

① 整个结构或某一部分作为刚体失去平衡，例如倾覆等；

② 结构构件或连接处因超过材料强度而破坏，包括疲劳破坏，或因很大塑性变形而不适于继续承载；

③ 结构转变为机动体系；

④ 结构或结构构件丧失稳定，例如发生压屈等。

在设计时，以足够大的可靠度来避免这种极限状态的发生是保证结构安全可靠的必要前提，因此所有结构构件均应进行强度和稳定的计算，在必要时应验算结构的倾覆和滑移；对于直接承受中级工作制吊车的构件，还应进行疲劳验算。

（2）正常使用极限状态。这种极限状态对应于结构或结构构件达到正常使用和耐久性的各项规定限值。

当出现下列状态之一时，即认为超过了正常使用极限状态：

① 影响正常使用或外观的变形（例如，由于变形过大造成房屋内粉刷层剥落、填充墙或隔断墙开裂及屋面积水等）；

② 影响正常使用或耐久性能的局部损坏，包括裂缝；

③ 影响正常使用的振动；

④ 影响正常使用的其他特定状态。

为了使所设计的结构构件能满足正常使用的功能要求，根据使用条件需控制变形值的结构构件，应进行变形验算；根据使用条件不允许混凝土出现裂缝的构件，应进行抗裂度验算；对使用上需要限值裂缝宽度的构件，应进行裂缝宽度验算，使其在规范允许的范围内。

结构的极限状态实际上是结构工作状态的一个阈值，若超过这一阈值，则结构处于不安全、不耐久或不适用的状态；若没有超过这一阈值，则结构处于安全、耐久和适用的状态。如对于一混凝土受弯构件，当荷载产生的弯矩超过构件的抵抗弯矩时，构件就会断裂；当弯矩没有超过构件的抵抗弯矩时，构件就不会断裂；当弯矩等于抵抗弯矩时，构件即达到了承载能力极限状态。如果用随机向量 $X = (X_1, X_2, \cdots, X_n)$ 表示结构的基本随机向量，用 $g(*)$ 表示描述结构工作状态的函数，称为结构功能函数，则结构的工作状态可用下式表示：

$$Z = g(X) = \begin{cases} <0 & \text{失效状态} \\ =0 & \text{极限状态} \quad (1-1) \\ >0 & \text{可靠状态} \end{cases}$$

在笛卡尔空间中，结构的工作状态如图 1-2 所示。

目前对结构可靠性的定义同样适用于既有结构。但是，相对于拟建结构，既有结构已转化为现实的空间实体，结构状况和使用条件更为明确，并经历了一定时间

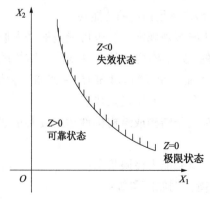

图 1-2　结构构件的三种工作状态

的使用，结构可靠性分析与控制的对象发生了根本性的转变，同时实际工程中对既有结构使用时间、使用条件、使用功能等方面的要求也往往有其特殊性，这些都使得既有结构可靠性的具体含义与拟建结构的并不完全相同。

按我国国家标准中的定义，结构可靠性的概念涉及三个基本要素：时间、条件、功能。下面从这三个方面对比说明拟建结构、既有结构可靠性概念的异同。

1. 时间

工程结构的可靠性总是相对一定的时间区域而言的，若判定结构的可靠性满足或不满足要求，一定指某设定时间区域内的可靠性满足或不满足要求；即使结构可靠性具有相同的量值，对不同的时间区域，它们的含义也是不同的。同时，结构可靠性的量值与设定的时间区域之间也有着直接的关系：设定的时间区域越长，结构的可靠性一般越低。因此，时间区域既是完整描述结构可靠性的基本要素，也是影响结构可靠性的重要参数。

结构可靠性中设定的时间区域实际就是目前国内外结构可靠性定义中的"设计考虑的使用年限"或"规定的时间"。由于结构可靠性分析的目的是预测结构在未来时间里满足预定功能的能力，而非判定结构当前的状况，因此无论是对拟建结构的可靠性设计还是既有结构的可靠性评定，所设定的时间区域均应指未来的时间。这一点在既有结构的可靠性评定中显得更为重要。

结构可靠性中设定的时间区域在一定意义上也是对结构使用时间的要求。如果结构在设定时间区域内的可靠性不满足要求，也意味着结构的可靠性不满足使用时间方面的要求，两者是相互关联的。总体而言，结构可靠性概念中的时间区域共有三重角色：基本要素、重要参数、时间要求。

对拟建结构的可靠性设计，国内外标准均规定了统一的时间区域，并称其为设计使用年限(design working life)，即设计规定的结构或结构构件不需进行大修即可按预定目标使用的年数。《工程结构可靠性设计统一标准》(GB 50153—2008)中对各类工程结构规定的设计使用年限如表1-1所示，《结构设计基础》(EN 1990：2002)中建议的设计使用年限如表1-2所示。两者有一定差别，但对普通房屋、重要建筑物的要求基本一致。

表1-1 《工程结构可靠性设计统一标准》(GB 50153—2008)中规定的设计使用年限

结构用途	类别	设计使用年限/年	示 例
房屋建筑结构	1	5	临时性结构
	2	25	易于替换的结构构件
	3	50	普通房屋和构筑物
	4	100	纪念性建筑和特别重要的建筑结构

续表

结构用途	类别	设计使用年限/年	示　　　例
铁路桥涵结构	—	100	—
公路桥涵结构	1	30	小桥、涵洞
	2	50	中桥、重要小桥
	3	100	特大桥、大桥、重要中桥
港口工程结构	1	5~10	临时性港口建筑物
	2	100	永久性港口建筑物

表 1-2　《结构设计基础》(EN 1990：2002) 中建议的设计使用年限

类别	设计使用年限/年	示　　　例
1	10	临时性结构
2	10~15	可替换的结构构件，如门式大梁、支撑
3	15~30	农用及类似的结构
4	50	房屋建筑及其他普通结构
5	100	纪念性建筑、桥梁和其他的土木工程结构

注：能够拆除重复使用的结构或结构构件不应看作是临时性结构。

　　国内外标准中过去一直使用的"设计基准期"(reference period)术语目前仍然有效，但其含义不同于设计使用年限。设计基准期是为确定可变作用、偶然作用以及与时间有关的材料性能等的取值而选用的时间参数。它是约定的一个时间基准，用于确定与时间相关的作用和材料性能的代表值(如标准值)，以便它们能够在同一时间基准下相互比较，因此对某类工程结构规定的设计基准期应为一个数值，这不同于对设计使用年限的规定。例如，《工程结构可靠性设计统一标准》(GB 50153—2008)中对房屋建筑结构、港口工程结构规定的设计基准期为 50年，对铁路桥涵结构、公路桥涵结构规定的为 100 年，但对其设计使用年限的规定则是多个数值。

　　设计基准期与作用、材料性能代表值的取值有关，但与结构可靠性并无直接关系。虽然作用和材料性能的代表值理论上应根据随机因素在设计基准期内的概率特性确定，亦涉及对随机因素的概率分析，但结构可靠性的分析中，对随机因素的概率分析应以设计使用年限而非设计基准期为时间区域，只有这样才能有效反映结构在设定时间区域内的可靠性。

　　对既有结构，国内外标准对其可靠性分析与评定中的时间区域有不同的称谓和定义。国际标准《结构设计基础——既有结构的评定》(ISO 13822：2010)中称其为剩余使用年限(remaining working life)，指预期或期望既有结构在拟定的维护条件下继续工作的周期。《工程结构可靠性设计统一标准》(GB 50153—2008)中则称其为评估使用年限(assessed working life)，指可靠性评定中所预估的既有结构在规定条件下的使用年限。《结构设计基础——既有结构的评定》(ISO 13822：2010)中的剩余使用年限既指预测(预期)的使用年限，亦指对使用年限的要求(期望)，《工程结构可靠性设计统一标准》(GB 50153—2008)中的评估使用年限则仅指预测(预估)的使用年限，两者的含义并不完全相同。目标使用期可定义为结构构件进行鉴定和加固设计时，规定的结构体系可按其预定功能使用的时间，是根据使用要求、房屋现状及国家和地方有关标准或规范所确定的建筑物的期望使用期。在该时间内，在正常维护和正常使用的情况下，结构无需进行重新检测、鉴定，类似于拟建结构的设计使用年限。

从结构可靠度分析的角度讲，剩余使用年限、评估使用年限应是与设计使用年限相对应的概念，均应指对既有结构未来使用时间的要求。虽然该时间区域可结合结构使用寿命(working life)的预测结果确定，即根据结构使用寿命的预测结果确定更为现实的时间目标，但其本身的含义不是结构使用寿命，而是对结构使用寿命的要求。为区别这种含义，这里将既有结构可靠性分析与评定中设定的时间区域称为目标使用期(target working life)，指规定的结构或结构构件不需进行大修即可按预定目标继续使用的年数。既有结构在使用时间方面是否满足要求，应通过比较结构使用寿命和相应的目标使用期判定。

2. 条件

工程结构的可靠性与未来场景有关。未来场景是《结构设计基础——既有结构的评定》(ISO 13822：2010)中提出的一个新概念，指与结构有关的各种可能出现的危急情况。用途的变更、环境的变化等都可能使结构未来的状态和结构上的作用发生显著变化，导致危急情况的发生。设定的未来场景不同，结构具有的可靠性也将不同。例如，是否考虑居住房屋变更为图书馆的藏书用房，是否考虑房屋遭受爆炸的威胁等，对结构的可靠性都会产生显著的影响。

对未来场景考虑得越周全，结构在各种危急情况下完成预定功能的能力越强。但是，无限制地考虑结构可能遭遇的未来场景是不现实和不经济的。例如，工程结构的设计中并不考虑陨石冲击等极其罕见的事件。因此，结构可靠性的分析中，有必要对所考虑的未来场景做出一定的限定。这些限定实际上也是结构可靠性分析的前提和条件，结构可靠性定义中的"规定的条件"即代表这样的前提和条件。

对于拟建结构，我国国家标准中设定结构能够得到正常的设计、施工、使用和维护，诸如设计失误、施工缺陷、使用不当、维护不周等现象均不在考虑之列，即在未来场景中不考虑这些不规范的行为。《结构设计基础》(EN 1990：

2002）中则明确采用了下列假定：

（1）结构体系的选择和结构的设计由具有相应资格和经验的人员承担；

（2）施工由具有相应技能和经验的人员承担；

（3）建设过程中有相应的监督和质量控制；

（4）建筑材料和制品的使用符合《结构设计基础》（EN 1990：2002）和 EN 1991~EN 1999 中的规定、相关施工标准的规定或材料和制品参考性规程的规定；

（5）结构能够得到适当的维护；

（6）结构能够按设计规定使用。

这些限定不仅是结构可靠性分析、设计的前提和条件，也是对结构设计、施工、使用、维护等活动的要求，一般需通过管理和技术手段保障。

对既有结构，其原始的设计工作、施工工程已完成，并经历了一定时间的使用，历史上曾出现的设计失误、施工缺陷、使用不当、维护不周等已成既定的事实，分析和评定既有结构的可靠性时应以现实的态度考虑它们可能产生的不利影响。但是，既有结构的可靠性分析与评定也有其前提和条件，也需设定未来的场景，一般要求既有结构在未来的目标使用期内能够得到正常的使用和维护。除此之外，一些场合下还可能对其使用和维护提出特殊的要求，其目的主要是保证或提高结构的可靠性，延长结构加固或更新的周期，亦属于既有结构可靠性分析、评定的前提和条件。

老旧建筑结构作为人类社会的一种固定财产，如何对其评价并进行充分利用是当前社会发展的必然趋势，因此有必要分析、评价既有建筑结构的安全性。许多学者对既有结构可靠性评估进行了大量的研究，但这些研究都过于抽象，因此工程师仍然采用现行设计规范的设计表达式验算既有结构构件的承载能力，对其中的荷载、抗力分项系数以及荷载组合值系数仍沿用设计规范中的取值。显然这是不合理的，因为设计规范规定的数值是针对拟建结构设定的，不再适用于既有结构。世界上很多国家都开始根据既有结构自身的特点，从经济合理的角度出发，逐步确立适用于既有结构构件的鉴定准则。文献[1]所建议的既有结构的鉴定准则就包括了对结构抗力和荷载分项系数的调整，而这种调整正是考虑到既有结构在某些方面的不确定性要少于拟建结构，比如实测得到的永久荷载、采用符合既有结构实际工作状态的分析方法以及结构经过荷载检验等；文献[2]建议的鉴定准则中包括了类似的系数调整，如对于永久荷载和地震作用降低其荷载分项系数，而对于已经损坏和部分修复的结构采用更加保守的抗力分项系数；捷克的建筑物鉴定规范（CSN 73—0083）规定，如果既有结构之前经历的最大的荷载超过了设计荷载，则应降低荷载的分项系数；ACI 318—95 规定，如果既有结构的几何参数和材料性能是经过实测和试验得到的，则允许提高结构抗力的折减系数；1991 年 ALLEN 建议的既有结构评估的极限状态准则中同样包含了对荷载分项系数的调整。顾祥林等基于既有结构目标使用期内的荷载概率模型以及既有结构的抗力特点，经过可靠性计算，重新调整了荷载和抗力的分项系数，建立了与设计规范相协调的既有结构构件承载能力验算的极限状态表达式，为既有建筑结构的安全性分析提供了实用方法。

例如，对重级工作制（A6 和 A7 工作级别）的钢吊车梁，《钢结构设计规范》（GB 50017—2017）要求：吊车梁上翼缘与制动桁架传递水平力的连接宜采用高强度螺栓的摩擦型连接。假设实际工程中已采用焊缝连接，但目前尚未出现疲劳损伤或破坏现象，对于这一实际问题，彻底的解决方案是按要求更换连接，但其施工过程将影响结构的正常使用，并可能损害吊车梁、制动桁架既有的性能，并不是现实中理想的方案。可考虑的另一种方案是观察使用，即不更换连接，但要求后期的使用中对已采用的焊缝连接进行有效的监控，保证及时发现连接的异常状况，待出现异常时再按预定方案修复，从而延长加固或更换的周期。因此，从工程实际考虑，既有结构可靠性评定中可接受目前的焊缝连接方式，但要求后期使用过程中对吊车梁上翼缘与制动桁架的连接采取有效的监控措施，并以其作为吊车梁可靠性评定的前提和条件。这是对吊车梁后期使用和维护的一种更严格的特殊要求。

再例如，计划较短的 n 年后重建某桥梁结构，目前需对该桥梁结构这 n 年里的可靠性进行评定，判定其在重建之前能否继续安全使用。假设该桥梁结构在原先的使用条件下已不满足安全性的要求，则现实和经济的途径是限定桥梁上的车辆荷载，对桥梁结构采取更周密的监控措施，并以此为前提和条件分析、评定桥梁结构的可靠性，使其尽可能满足要求，能够安全使用到重建之时。这些管理和技术上的特殊要求亦属于既有结构可靠性分析、评定的前提和条件。

3. 功能

结构可靠性概念的核心是结构完成预定功能的能力，国内外标准中对结构预定功能的规定基本一致。对拟建结构的可靠性设计，《工程结构可靠性设计统一标准》（GB 50153—2008）中要求结构在规定的设计使用年限内应满足下列功能要求：

（1）能承受在施工和使用期间可能出现的各种作用；

（2）保持良好的使用性能；

（3）具有足够的耐久性能；

（4）当发生火灾时，在规定的时间内可保持足够的承载力；

（5）当发生爆炸、撞击、人为错误等偶然事件时，结构能保持必需的整体稳固性，不出现与起因不相称的破坏后果，防止出现结构的连续倒塌。

它们习惯上被划分为安全性（safety）、适用性（serviceability）和耐久性（durability）三个方面，其中第(1)(4)(5)条的内容一般被归为安全性问题，第(2)(3)条的内容分别被归为适用性和耐久性问题。

国际上将结构应满足的功能要求一般也划分为三类，但未明确列出耐久性方面的内容。《结构可靠性总原则》（ISO 2394：2015）中规定，结构和结构构件应以适当的可靠度满足下列要求：

（1）能够在使用年限内在承受所有预期的作用下良好地工作，提供适用功能；

（2）能够承受施工、使用（按预期用途）和退役阶段出现的极端作用、高周循环作用和永久作用，提供与破坏和失效相关的安全功能和可靠性；

（3）不会因自然灾害、事故或人为错误等极端事件和未预见的可能事件而遭受严重的破坏或发生连锁失效现象，保持坚固，提供充足的稳固性（robustness）。

《结构可靠性总原则》（ISO 2394：2015）中同时指出，结构可靠性涵盖结构的安全性、适用性和耐久性，因此它对结构功能的要求也应包含对结构耐久性的要求，可认为其体现于第(1)条中。

国际组织"结构安全度联合委员会（JCSS）"在其《JCSS 概率模式规范》中，也将结构应满足的要求划分为类似的三类，并分别称它们为正常使用极限状态要求（serviceability limit state requirement）、承载能力极限状态要求（ultimate limit state requirement）和稳固性要求（robustness requirement）。

对既有结构，其预定功能原则上应与拟建结构一致。《结构设计基础——既有结构的评定》（ISO 13822：2010）中规定，既有结构可靠性评定的目的应根据下列性能水准确定，它们间接地表述了既有结构应满足的功能要求，总体上与拟建结构一致：

（1）安全性能水准，其为结构的使用者提供适当的安全性；

（2）继续工作性能水准，其为诸如医院、通信建筑或主干桥梁等特殊结构在遭受地震、撞击或其他可预见的灾害时，提供继续工作的能力；

（3）委托人提出的与财产保护（经济损失）或适用性相关的特殊性能要求，该性能水准通常根据寿命周期费用和特殊的功能要求确定。

无论是对拟建结构还是既有结构，上述结构功能要求都是原则性的，结构能否完成预定的功能具体是以极限状态（limit state）为标准判定的。所谓极限状态指其被超越时结构不再满足功能要求的状态。若整个结构或结构的一部分超过某一特定状态便不再满足设计规定的某一功能要求，则称此特定状态为该功能的极限状态。极限状态相当于结构或结构构件的失效准则，是判定结构失效与否的物理标准，它们应具有明确的标志和限值。

由于规范的修订和变化，既有结构原先设计时所考虑的极限状态或失效准则，可能与现行规范中的规定存在差异，具体表现为两个方面：极限状态或失效准则的设置发生了变化，即现行规范可能增设新的控制指标，对结构提出新的要求；极限状态或失效准则的具体控制标准发生了变化，如现行规范可能规定更为严格的限值或标志。

极限状态或失效准则直接影响着既有结构可靠性分析与评定的结果，也决定着既有结构可靠性的具体含义。对于既有结构的可靠性评定，《结构可靠性总原则》（ISO 2394：2015）、《结构设计基础——既有结构的评定》（ISO 13822：2010）、《工业建筑可靠性鉴定标准》（GB 50144—2019）、《民用建筑可靠性鉴定标准》（GB 50292—2015）、《建筑抗震鉴定标准》（GB 50023—2009）等国内外标准中，对失效准则的确定原则有着一致的规定，即以现行规范规定的极限状态作为判定既有结构失效与否的物理标准。

结构构件的可靠度一般采用可靠指标度量，它与失效概率之间存在一定的关系。结构构件设计时采用的可靠指标，可根据综合考虑各种结构的重要性、失效后果、破坏性质、经济指标等因素，对其进行可靠度分析来确定。由于统计资料不够，且考虑到设计规范的现实继承性，目标可靠指标通常采用"校准法"来确定。针对承载能力极限状态和正常使用极限状态，文献[1-3]中均分别给出了目标可靠指标的建议值。结构构件承载能力极限状态设计时采用的可靠指标，是以建筑结构安全等级为二级、发生延性破坏时的作为基准，其他情况下相应增减0.5。虽然也考虑了房屋建筑结构的重要性及使用年限的不同，但是并未详细给出不同使用年限时的目标可靠指标建议值，这对学者们后期的研究造成了不便。文献[4，5]针对既有结构构件可靠度的分析，提出了基于不同目标使用期（10年、20年、30年、40年和50年）时承载能力极限状态的验算表达式，其中包括荷载和抗力的分项系数，这与结构目标可靠指标的选用有着密切的关系。然而，由于规范中并未给出不同使用年限时的目标可靠指标建议值，因此在进行既有结构的安全性分析时，目标可靠指标均是按现行设计规范所采用的"校准法"确定的可靠指标（设计使用年限为50年）取值的，即延性、脆性结构的目标可靠指标分别取3.2和3.7，这样的问题也存在于文献[6]。显然这是不合理的，因为这样得到的分析结果并不能完全反应既有结构构件的已使用年限和目标使用期。这在《民用建筑可靠性鉴定标准》和《工业建筑可靠性鉴定标准》中表现得尤为明显，标准中虽然给出了评定等级分级与目标可靠指标之间的关系，但未明确目标可靠指标的数值，这与既有结构构件的已使用年限和目标使用年限有着密切的关系，会造成鉴定人员评定建筑物安全性时产生困惑。文献针对不同目标使用期内的荷载、抗力的统计特性，对可靠指标的数值进行了校准并给出相应的建议值，研究结果可用于既有结构的安全性分析和可靠性评定。

综上所述，目前对结构可靠性的定义既适用于拟建结构，也适用于既有结构，但既有结构的可靠性在时间、条件、功能等方面有其特殊性：它的时间区域（目标使用期）应根据结构未来具体的使用目的、使用要求、维修和使用计划等重新确定，取值上具有更大的灵活性，一般较设计使用年限短；可靠性分析的前提和条件仅涉及未来的使用和维护要求，并可能包含更严格的特殊要求；预定功能与拟建结构的一致，但相应的极限状态应按现行规范中的规定确定，相对于原先设计时考虑的极限状态，可能出现新的或更严格的要求。

时间、条件、功能是描述结构可靠性的三个基本要素，无论是对拟建结构还是既有结构，它们均应满足相应的要求，即"规定的时间""规定的条件"和"预定功能"。判定结构可靠与否时，一般需设定其中两个要素满足要求，在此条件下通过第三个要素对结构可靠与否做出最终判定。

按常规方式，一般设定结构满足时间、条件两方面的要求，通过比较结构的实际功能和预定功能最终判定结构是否可靠。目前的结构可靠性正是按这种判定方式定义的，其中"规定的时间""规定的条件"分别设定了结构应满足的时间和条件上的要求，而"完成预定功能"则是对结构实际功能、预定功能之间关系的要求，它代表了第三个要素。

对于同一命题，实际上还可按另一方式判定，即设定结构满足条件、功能两方面的要求，根据结构使用时间、规定时间之间的关系判定结构是否可靠。这种判定方式在机械、电子领域结构可靠性的研究中得到了广泛的应用，它与前述判定方式完全等效，判定结果也应一致。根据这种判定方式，可定义结构的另一种能力，即结构在规定的条件下，在完成预定功能的前提下，满足时间要求的能力，文献[25]称其为结构时域可靠性（structural time-domain reliability）。如果定义结构在完成预定功能前提下的最长使用时间为结构使用寿命，可更简捷地定义其为结构在规定的条件下，其相对于预定功能的使用寿命满足时间要求的能力。结构时域可靠性的概念既适用于拟建结构，也适用于既有结构。

从本质上讲，结构可靠性和结构时域可靠性是从不同角度对同一内容的描述，即结构在规定条件下满足时间、功能两方面要求的能力。前者从功能的角度描述，后者则从时间的角度描述，它们是一对关系紧密的耦合概念。3.1.1节将进一步揭示它们之间的定量关系。

1.2.2　结构可靠性设计与理论的发展

在结构工程发展的初期，世界上各国采用容许应力的设计方法；自20世纪30年代起，设计人员开始采用破损阶段设计法；20世纪五六十年代，我国对混凝土结构采用多系数极限状态设计法；70 年代后，《钢筋混凝土结构设计规范》(TJ 10—74)中开始采用单系数极限状态设计法；当前结构设计采用的基本设计方法是分项系数极限状态设计法。

1. 容许应力法

随着线弹性理论的发展，容许应力法应运而生，其设计原则是：结构构件的由名义设计荷载引起的计算应力不得大于结构设计规范所给定的容许应力或极限应力。结构构件的计算应力是根据线弹性的理论计算得到的，容许应力是由材料的屈服应力或破坏应力除以一个由经验判断的大于 1 的安全系数确定的，即容许应力为：

$$[\sigma] = \frac{\sigma_{max}}{K} \tag{1-1}$$

式中　σ_{max}——最大强度值；

　　　K——安全系数。

在结构工程发展的初期，结构中采用的主要材料是石材和铸铁，即采用容许应力的设计方法看起来还是比较合理的。然而，随着工业技术的发展以及钢材和混凝土材料的出现，这些材料都具有不同程度的塑性，因此采用容许应力设计法就会带来一些不合理的结果。

2. 破损阶段设计法

20 世纪 30 年代，苏联首次提出破损阶段的设计方法，主要是用于设计钢筋混凝土结构构件。破损阶段设计法的设计原则是：结构构件达到破损阶段时的计算承载力 R 不应低于标准荷载引起的构件内力 S 与由经验判断的安全系数 K 的乘积，即

$$KS \leqslant R \tag{1-2}$$

作为设计方法，破损阶段法与容许应力法不同，它在确定结构构件的极限承载力时，考虑了结构材料的塑性性质及其极限强度；但在结构可靠性控制方面，不管是容许应力法，还是破损阶段法，都是通过经验判断的单一系数 K 来考虑的，均属于定值设计法，存在着类似的缺点。

3. 多系数极限状态设计法

在容许应力法和破损阶段法中，结构构件的安全性均采用单一的安全系数描述、衡量，对不同的结构(材料类型、荷载情况)形式，无法区别对待，具体分析。因此，对即使采用相同的安全系数设计的结构构件，在不同的情况下，其安全性能也有很大差异。也就是说，对承受各种不同荷载，且由各种不同材料组成的结构构件，在各种不同的工作条件下，容许应力法和破损阶段法无法很好地处理这类构件的安全性问题。考虑到这种情况，20 世纪 50 年代，苏联规范首次提

出结构构件的多系数极限状态设计法，同破损阶段法一样，这种设计方法也考虑材料的塑性性能。与定值设计法相比，多系数极限状态法设计的特点是：①明确按承载能力极限状态、变形极限状态、裂缝极限状态这三种工程结构极限状态进行设计；②在承载能力极限状态中，对材料强度引入各自的匀质系数及材料工作条件系数，对不同荷载引入各自的超载系数，对构件还引入工作条件系数；③材料强度匀质系数及某些荷载的超载系数，是将材料强度和荷载作为随机变量，用数理统计学的方法，经过调查分析而确定的。

对于强度验算，有

$$S \leq mR(\cdot) \tag{1-3}$$

式中　　S——计算荷载在结构构件中产生的内力（作用效应）；

　　　　m——工作条件系数；

　$R(\cdot)$——构件的抗力函数。

在上述极限状态计算公式中，其中的材料强度和荷载强度，是经过调查研究或根据数理统计方法确定的，然而，在运用数理统计学的方法时，仍然需根据传统经验来确定一些由于资料不足而无法用概率统计方法确定的参数，因此，从概率角度来讲，该方法属于半经验半概率的方法（水准1）。

4. 单系数极限状态设计法

20世纪70年代后，《钢筋混凝土结构设计规范》（TJ 10—74）采用单系数极限状态设计原则，对于承载力，即

$$KS_K \leq R(R_a, R_g, a_k, \cdots) \tag{1-4}$$

式中　　　　　K——规范规定的安全系数；

　　　　　　S_K——标准荷载在结构构件中产生的内力（作用效应）；

$R(R_a, R_g, a_k \cdots)$——抗力函数；

　　　R_a、R_g——分别为混凝土和钢筋的设计强度；

　　　　　a_k——构件截面几何尺寸。

需要注意的是，虽然单系数极限状态法的表达式（1-4）与破损阶段设计法的表达式（1-2）在形式上是相同的，但其含义却是不同的。在破损阶段法表达式中的安全系数和材料强度值是平均值，而在单系数极限状态法表达式中的安全系数以及材料强度均是设计值。当然，无论是破损阶段设计法还是单系数极限状态法，其中的安全系数均或多或少地考虑了构件抗力的变异性，并非只是完全考虑荷载变异的荷载系数。

5. 分项系数极限状态设计法

《建筑结构设计统一标准》（GBJ 68—84）首次将以分项系数表达的近似概率极限状态设计方法作为结构构件的设计方法，使我国成为世界上最早采用近似概

率极限状态设计方法的国家之一。1984 年，国际标准化组织（ISO）将基于概率的分项系数法正式纳入国际标准《结构可靠度总原则》（ISO 2394∶1986），使该法成为世界上通行的一种近似概率设计方法。随后，根据建设部的要求，中国建筑科学研究院会同有关单位共同对《工程结构可靠性设计统一标准》（GB 50153—92）进行了全面修订。在修订过程中，积极借鉴了国际标准化组织（ISO）发布的国际标准《结构可靠度总原则》（ISO 2394∶1998）和欧洲标准化委员会 CEN 批准通过的欧洲规范《结构设计基础》（EN 1990∶2002），同时认真贯彻了从中国实际出发的方针，总结了我国大规模工程实践的经验，贯彻了可持续发展的指导原则。修订后的新标准内容比原标准在内容上有所扩展，涵盖了工程结构设计基础的基本内容，成为一项工程结构设计的基础标准。

目前，与《工程结构可靠性设计统一标准》（GB 50153—2008）相应，《混凝土结构设计规范》（GB 50010—2010）对持久设计状况、短暂设计状况和地震设计状况，采用分项系数极限状态的结构设计原则，对于承载能力，有

$$\gamma_0 S \leq R \tag{1-5}$$

$$R = R(f_c, f_s, a_k, \cdots)/\gamma_{Rd} \tag{1-6}$$

式中　γ_0——结构重要性系数，在持久设计状况和短暂设计状况下，对安全等级为一级的结构构件不应小于 1.1，对安全等级为二级的结构构件不应小于 1.0，对于安全等级为三级的结构构件不应小于 0.9，对地震设计状况下应取 1.0；

　　　　S——承载能力极限状态下作用组合的效应设计值，对持久设计状况和短暂设计状况应按作用的基本组合计算，对地震设计状况应按作用的地震组合计算；

　　　　R——结构构件的抗力设计值；

　　$R(\cdot)$——结构构件的抗力函数；

　　　γ_{Rd}——结构构件抗力的模型不定性系数，静力设计取 1.0，对不确定性较大的结构构件根据具体情况取大于 1.0 的数值，抗震设计应用承载力抗震调整系数 γ_{RE} 代替 γ_{Rd}；

　f_c、f_s——混凝土、钢筋的强度设计值，根据规范的规定取值；

　　　　a_k——几何参数的标准值，当几何参数的变异性对结构性能有明显的不利影响时，应增减一个附加值。

对正常使用极限状态，钢筋混凝土构件、预应力混凝土构件应分别按荷载的准永久组合并考虑长期作用的影响或标准组合并考虑长期作用的影响，采用下列极限状态设计表达式进行验算：

$$S \leq C \tag{1-7}$$

式中　S——正常使用极限状态荷载组合的效应设计值；

　　　C——结构构件达到正常使用要求所规定的变形、应力、裂缝宽度和自振频率等的限值。

1998 年，国际标准 ISO 2394：1998 和欧洲模式规范 EN 1990：2002 在保留基于概率的分项系数方法的同时，提出了一种新的近似概率设计方法——基于概率的设计值法，直接建立了设计值与可靠指标之间的关系，其基本表达式为

$$F_{X_i}(x_{id}) = \Phi(\alpha_i\beta) \tag{1-8}$$

式中　$F_{A_i}(\cdot)$——基本变量 X_i 的概率分布函数；

　　　x_{id}——基本变量 X_i 的设计值。

对于控制的和其他的抗力参数 α_i，α_i 的值分别为 0.8 和 0.32；对于控制的和其他的作用参数，α_i 的值分别为-0.7 和-0.28。这种方法在一定程度上改进了分项系数法。

我国从 20 世纪 50 年代初期开始，大连理工大学、原中国科学院建筑研究所、同济大学、清华大学、冶金工业部科学研究院等单位开展了极限状态设计法的研究，并用数理统计方法确定超载系数和材料强度。20 世纪 80 年代，随着国际上结构可靠性的研究进入了一个新的阶段，我国结构可靠性的研究进入了一个高潮，许多高等院校和科研院所开展了结构可靠性理论的研究。可靠性理论成为很多博士和硕士研究生论文的选题。例如，大连理工大学赵国藩院士自 20 世纪 50 年代起，曾借鉴苏联的经验，结合极限状态设计法的推广应用，探讨用数理统计方法分析材料强度系数和荷载系数，于 60 年代提出用一次二阶矩法分析结构的安全系数。20 世纪 80 年代结合国家教委、国家自然科学基金、中国工程建设标准化协会、交通部标准和规范工作合同项目、能源部-水利水电规划设计总院项目、国家攀登计划、国家自然科学基金和教育部博士点基金项目，培养了大批从事可靠度研究的博士和硕士研究生，在结构可靠度实用计算方法、考虑变量相关的可靠度计算方法、原始空间内的可靠度计算方法、二次二阶矩可靠度计算方法、结构模糊可靠度、结构体系可靠度、结构可靠度分析的蒙特卡罗方法、随机有限元与结构动力可靠度、结构抗震可靠度、基于可靠度的结构优化设计、结构荷载效应组合、结构正常使用极限状态可靠度分析、结构施工期可靠度和结构老化期可靠度、结构维修加固及结构耐久性研究方面均取得了多项成果，发表了多篇研究论文，出版了《工程结构可靠度》《工程结构可靠性理论与应用》《结构可靠度理论》《工程结构可靠度计算方法》和《工程结构生命全过程可靠度》5 本专著，研究成果获国家科技进步二等奖 1 项、国家教委科技进步二等奖 1 项。

在结构可靠性理论应用方面，我国在 1976 年和 1978 年由国家建委先后下达了"建筑结构安全度及荷载组合"课题的研究和《建筑结构设计统一标准》的编制

任务，在中国建筑科学研究院的协调组织下，成立了设计、荷载和材料三个研究组和《建筑结构设计统一标准》编委会，开展了较大规模的结构可靠度理论研究和各种有关参数的调查、测试和统计分析工作，于 1982 年完成了该标准的编制工作，以此作为各种材料的结构设计规范修订的依据。在《建筑结构设计统一标准》颁布后，我国港口工程、铁路工程、水利水电工程和公路工程行业也相继开展了相应结构可靠性的研究和可靠度设计统一标准的编制工作，并于 20 世纪 90 年代相继颁布实施，这些标准是指导相应工程行业结构设计的基础标准。为了进一步在设计方法和原则方面协调我国各种工程结构的设计，建设部门又会同港口、铁路、水利水电和公路部门，联合编制了《工程结构可靠度设计统一标准》，于 1992 年颁布实施，属于第一层次的标准，而前面各行业的统一标准则属于第二层次的标准。

近年来，我国工程技术部门陆续编制和颁布了第一层次的《工程结构可靠性设计统一标准》(GB 50153—2008)，以及属第二层次的建筑结构、铁路工程结构、公路工程结构、港口工程结构和水利水电工程结构的可靠度设计统一标准。这些统一标准的共同特点是采用了国际上先进的以概率理论为基础的极限状态设计方法．统一了各工程结构设计的基本原则，规定了适用于各种材料结构的可靠度分析和设计表达式，并对材料和构件的质量控制和验收提出了相应的要求，是各工程结构专业设计规范的编制和修订应遵循的准则依据。

目前，现行的建筑结构设计规范，其中包括混凝土结构、钢结构(除疲劳计算外)、薄壁型钢结构、砌体结构、木结构等设计规范，以及荷载规范、地基基础设计规范和建筑抗震设计规范等，都采用了近似概率极限状态设计方法，并遵循《建筑结构可靠性设计统一标准》(GB 50068—2018)的基本设计原则。

钢结构中的疲劳计算仍采用容许应力法，即按弹性状态进行计算。

现行的公路桥涵设计规范中，公路桥涵通用规范、公路砖石及混凝土桥涵设计规范、公路钢筋混凝土及预应力混凝土桥涵设计规范等均采用半概念、半经验的"三系数"极限状态设计法。而公路桥涵钢结构及木结构设计规范仍采用容许应力法。我国交通部正在修订的《公路桥涵设计通用规范》是按照《公路工程结构可靠度设计统一标准》(GB/T 50283—1999)制定的，以可靠度为基础，采用分项系数表示的概率极限状态设计法。随着《公路工程结构可靠度设计统一标准》的制定，上述各种公路工程专业设计规范都将按其规定的原则进行修订。

对铁路工程结构，现行铁路工程设计规范所规定的设计方法很不一致。如在桥涵设计规范中，钢结构和混凝土、钢筋混凝土结构均采用容许应力法，预应力混凝土结构按弹性理论分析，采用破损阶段设计法进行截面验算；在隧道设计规范中，衬砌按破损阶段设计法设计截面，而洞门则采用容许应力设计法；在路基设计规范中,路基(土工结构)和重力式支挡结构及这些工程结构的地基基础都采用容许应力法。总的来看,容许应力法仍然是现行铁路工程设计规范采用的主要方法。随着《铁路工程结构可靠性设计统一标准》(GB/T 50216—94)的制定,今后制定各类铁路工程结构标准都将采用概率极限状态设计法,以逐步形成新的结构标准体系。

现行的各种港口工程结构设计规范已根据《港口工程结构可靠性设计统一标准》(GB 50158—92)完成修订和编制,采用了以分项系数表达的近似概率极限状态设计方法。

现行的水利水电工程结构设计规范中,《水工混凝土结构设计规范》(SL/T 191—96)已根据《水利水电工程结构可靠性设计统一标准》(GB 50199—94)的规定,对水利水电工程中素混凝土、钢筋混凝土及预应力混凝土结构采用概率极限状态设计原则和分项系数设计方法。另外,首次编制的《水工建筑物荷载设计规范》(DL 5077—1997)统一了水利水电工程结构设计的作用(荷载)标准,以利于按照《水利水电工程可靠性设计统一标准》的原则和方法进行水工结构设计。然而,考虑到一些实际情况,原规范《水工钢筋混凝土结构设计规范》(SDJ 20—78)仍可继续使用。这本规范主要适用于水利工程中素混凝土及钢筋混凝土结构按容许应力法进行设计。

尽管目前各种土木工程结构设计方法还没有完全统一,但《工程结构可靠性设计统一标准》规定新修订的各种结构设计规范都必须采用国际先进的以概率理论为基础的极限状态设计法,这样可以使土木工程中各种结构构件具有统一的可靠度水平。

1.2.3 结构可靠性理论的应用

可靠性的研究早在30年代已开始,当时主要是围绕飞机失效进行研究。第二次世界大战中,德国曾用可靠性方法分析过火箭,美国也对B-29飞机进行过可靠性分析。50年代开始,美国国防部专门建立了可靠性研究机构(AGREE),对一系列可靠性问题进行研究,促进了空间研究计划。

在北美,美国是结构可靠性理论与应用的代表,也是国际上较早开展结构可靠性研究的国家之一,公认1947年美国Freudenthal A. M.教授的论文"结构安全性"是结构可靠性理论系统研究的开始,在实用化方面,1969年美国柯涅尔(C. A. Cornell)教授提出了与结构失效概率相联系的可靠指标的概念,并建立了结构安全度的二阶矩模式。20世纪60~70年代,美国在发生了一些房屋安全事故后,引发了对建筑物安全问题的重新思考,认识到容许应力设计法的缺陷,以及为保证结构极端情况下安全性和正常使用情况下良好工作性能的重要性。结合当时可靠性理论的研究，探讨考虑荷载和材料性能随机性的可靠性设计方法。钢结构规范中荷载和抗力系数设计(LRFD)方法的提出是美国结构可靠性理论应用的开端。但随后意识到必须将荷载系数与结构材料有关的系数相分离，否则会出现因各规范编制组协调不好，不同材料结构中的同种荷载分项系数不同的不合理局面。在这种前提下，确立了美国国家标准委员会 A58《建筑及其他结构最小设计荷载规范》的独特地位。

1978 年，在美国建筑技术中心结构分部工作的 Ellingwood 教授主持了基于概率的极限状态设计荷载要求的研究项目。研究工作的目标是：①提出一套适合于所有类型建筑的荷载系数与荷载组合系数；②提出一种供各材料规范选择与 A58 荷载要求和其性能目标协调的抗力准则。研究成果反映在 1980 年出版的 NBS 特别报告 577"美国国家标准 A58 基于概率的荷载准则"中，随后的工作则是基于概率的设计理论在各种结构中的应用。NBS 特别报告 577 的概率荷载准则首次在 1982 年版的美国国家标准 A58 中得到应用，1985 年开始由美国土木工程师学会(ASCE)按标准 7 出版，自 1982 年至今一直为美国所有标准、规范极限状态设计方法所参考，这包括美国钢结构协会的钢结构规范 AISI(1986、1994 和 2000 年版)、木结构 ASCE 标准 16—95 及美国混凝土协会混凝土规范 ACI 318—96(附录 C)。

ACI 318—96 在附录 C 给出 ASCE 标准 7 荷载系数的原因是：①在"混合型"结构(如有钢筋混凝土剪力墙的钢框架，支撑在混凝土基础上的钢柱及钢筋混凝土柱、复合楼板和钢梁的建筑)设计中，采用 ASCE 标准 7 的荷载组合意味着采用了同一套荷载系数；②对 ACI 318—96 第 9 章的荷载组合和强度折减系数的可靠性分析表明，随可变荷载与永久荷载比值的增大，可靠指标降低。而对附录 C 中的荷载组合和强度折减系数的可靠性分析表明，可靠指标随可变荷载与永久荷载比值变化的幅度较小，即可靠性的一致性较好；③对于可变荷载与永久荷载比值较小的风荷载设计的情况，可靠性较永久荷载的情况低。

在美国混凝土规范 ACI 318—02 中，将抗力折减系数由 0.8 提高到 0.9，这将导致梁板等受弯构件的纵向受拉钢筋减少约 10%。在解释这一变化时，该规范指出是基于过去和现在的可靠度分析、对材料性能的统计研究以及委员会的意见。

1995 年，美国钢铁协会(AISI)的规范委员会、加拿大标准协会(CSA)的 S136 规范委员会和墨西哥标准协会(CANACERO)组成了北美规范委员会，委员会由代表 AISI 规范委员会、CSA S136 规范委员会和墨西哥 CANACERO 的三个成员组成。委员会每年会聚两次，共同编制适合于三国使用的钢结构规范，《冷轧成型钢结构构件设计规范》(AISI 2001)于 2001 年颁布。该规范分别取代了使用了 50 多年的美国《冷轧成型钢结构构件设计规范》(AISI 1996 和 AISI 1999)、加拿大使用了多年的《冷轧成型钢结构构件标准》(S 136)。AISI 2001 考虑了三个国家的共性和各自的特点，允许采用三种设计方法：容许应力设计法(ASD)、荷载与抗力系数设计法(LRFD)和极限状态设计法(LSD)。容许应力设计法和荷载与抗力系数设计法限于美国和墨西哥使用，极限状态设计法限于加拿大使用。除术语、荷载系数、荷载组合和目标可靠指标不同外，荷载与抗力系数设计法和极限状态设计法实质是相同的。因为美国和加拿大采用的目标可靠度不同，采用的荷载与抗力系数不同，美国和墨西哥采用的抗力系数也不同。

在公路桥梁方面，新一代的美国和加拿大规范都采用了基于概率的荷载与抗力系数设计规范，如美国州公路与运输官员协会的《桥梁荷载与抗力系数设计规范》(AASHTO LRFD 1994)、加拿大《安大略公路桥梁设计规范》(OHBDC 1979，1983，1991)和《加拿大公路桥梁设计规范》(CHBDC 2000)。在美国，公路管理联合会(FHWA)重视支持长远技术项目的研究，其中之一是贯彻荷载与抗力系数设计方法。美国州公路与运输官员协会制定了一个过渡时间表，2007 年 10 月 1 日之后，所有新桥的设计必须使用荷载与抗力系数设计规范。

美国工兵部队水道实验站在港口与海岸工程的概率设计方面也做了大量工作，《海岸工程手册》第 VI 部分的第 6 章就是海岸结构基于可靠性设计方面的内容。该章针对不同的失效概率，给出了防波堤不同护面层稳定性验算、混凝土块体和岩石护脚护道验算、扭工字块体断裂验算、爬高验算、冲刷深度验算、沉箱基础验算、沉箱滑移和倾覆验算公式的分项系数。1998 年，美国工兵部队还结合计算机辅助结构工程项目，编制了一套评估混凝土重力结构稳定性可靠度的软件，目的是推动可靠性方法在混凝土重力结构稳定性评估中的应用。

在美国 2002 年版的《国家电力安全规范》(NESC)中，提出了户外电力设施、通信线路和结构安全准则。2003 年美国土木工程师学会(ASCE)编制了《电力设施基于可靠度的设计手册》，NESC 成员正积极与 ASCE 合作，争取将设计手册的研究成果应用于 2007 年版的《国家电力安全规范》中。

在加拿大公路桥梁建设飞速发展的 20 世纪 50 年代和 60 年代，一直采用美国 AASHTO 桥梁规范，直到 1979 年加拿大编制了第一本极限状态的桥梁设计规范。1983 年，加拿大安大略编制了第二版的极限状态设计规范(采用 LRFD)，并变为强制性的。这一规范是按上部结构可靠指标 $\beta = 3.5$ 制定的。1991 年颁布了第三版的规范，同样采用了可靠性方法。承载能力极限状态的可靠指标 $\beta = 3.5$，正常使用极限状态的可靠指标 $\beta = 1.0$。1998 年颁布了第四版的加拿大安大略规范，这一版也是加拿大第一个国家性的桥梁设计规范。该版对荷载系数做了调整。1983 年、1991 年和 1998 年的加拿大安大略公路桥梁设计规范都是强制性的。除 British Columbia 外，加拿大各省的公路桥梁都采用了 LRFD。

在亚太地区(美国除外)，中国应该是可靠度应用研究和在设计规范中应用最早的国家。除中国外，还有日本、澳大利亚等。日本在结构安全和可靠性方面的研究已有 40 余年的历史。日本建设部曾试图将桥梁结构设计中的容许应力法改为极限状态设计法或荷载与抗力系数设计法，尽管做了很多努力，日本的桥梁设计仍采用容许应力设计法。日本土木工程师学会建议在混凝土结构中采用极限状态设计法。近年来，伴随 WTOTBT 协定的生效，日本特别关注国际标准与欧洲标准的发展动向，用他们自己的话说，避免与国际标准的冲突，特别是 ISO 2394《结构可靠性总原则》，因为 ISO 2394 规定了结构设计的基本原则和方法，日本采用的容许应力设计法与 ISO 2394 的内容是不协调的。

由于加入 WTO 的国家要服从国际标准，同时到欧洲规范正逐步统一，1998 年日本成立了一个由建筑和土木工程各领域专家组成的委员会和秘书委员会，编写包括各领域和结构类型的综合性规范《建筑及公共设施结构设计基础》。目的是通过这一规范的基本原则将各领域规范纳入同一个框架中。该规范明确提出："可靠度设计的概念是校核功能要求的基础"，"用可靠度的概念作为设计基础"的目的是"考虑外部作用和抗力的不确定性，在设计使用年限内，将超过所考虑极限状态的概率限定在允许的目标值内"。"将《结构设计基础》置于可靠度设计的概念上，保证了日本标准与国际标准的协调。"与 ISO 2394：1998 和 EN 1990 不同的是，在日本的《结构设计基础》中，极限状态分为承载能力极限状态、正常使用极限状态和可恢复极限状态，这是因为日本是多地震国家，震后受损结构的修复是重要的。

为适应国际经济发展一体化的要求，在亚太地区，国与国在结构设计标准方面的协作也日益加强。以 ISO 2394：1998 为基础，澳大利亚和新西兰共同起草了一份关于一般设计要求的标准《结构设计——一般要求和设计作用，第 0 部分：一般要求》(DR 99309—1999)，目的是协调亚太地区发展和发展中国家设计标准的不同要求。2002 年在亚太平洋地区征求意见，并探讨用 ISO 2394 的分项系数模式取代现行荷载和抗力系数模式的可行性。根据结构类型、对公众团体的重要性和减少风险所付费用，该标准提出一个确定设计作用的新方法，目的是提供一个适合于不同经济发展水平国家不同要求的标准模式。

另外，中国、日本和韩国就港口工程技术标准的协调和发展问题进行过联合研究，其中的一个重要方面是研究和理解国际标准和欧洲标准及基于可靠度的分项系数设计法。

在韩国，结构标准分为设计标准和附属技术标准两类，根据相关的法律，设计标准作为国家标准。大多数混凝土结构和钢结构采用了极限状态设计原理，而土工结构(如基础和挡土墙)仍使用容许应力设计法。但是,目前修订的《结构基础设计规范》采用了极限状态设计法,也允许使用容许应力设计法。韩国表示,韩国是 WTO 的成员国之一,如果颁布了 ISO 标准,韩国政府要用它作为国家标准。

丹麦按极限状态和分项系数的设计方法可追溯到 20 世纪 50 年代。1983 年,丹麦所有的荷载、结构和土工设计规范都采用了统一的分项系数极限状态设计表达式。1996—1999 年,丹麦对结构规范(设计基础、作用和荷载、混凝土、钢、木、砌体和基础)进行了修订,并对旧的规范进行了可靠度校准。根据校准结果将目标可靠指标确定为 $\beta_T = 4.79$,以此为基础,优化选定了新规范的分项系数。瑞典 1989 年开始采用分项系数方法,并出版了一套设计手册。抗力系数隐含在混凝土和钢的规范中,同时用容许应力设计法进行了校准。德国有一套非常完善和详细的国家标准,称为《国家工业标准(DIN)》。国家工业标准包括结构设计,而且非常成熟并包含了工程的各个方面。先前的规范采用综合安全系数法(荷载<强度 FS),类似于容许应力法,最新的德国荷载规范 DIN 1055(草案)和混凝土设计规范 DIN 1045(草案)采用了以可靠度为基础的分项系数方法。

捷克 1998 年版的《结构设计规范》(CSN 73 1401—1998)包含了概率设计概念的条文,规定 $p_f < p_d$,其中 p_d 为规范中规定的目标概率。目前正式的欧洲规范正在实施过程中,由于欧洲规范采用了以概率为基础的极限状态设计法,这也就意味着在欧洲共同体范围内,结构的设计方法正逐步向可靠性设计法过渡。

1.2.4 结构可靠性标准与规范

古代都将结构安全性的责任归于设计者和建造者,并且明确规定了建造者对结构破坏引起的灾难应负的责任。最著名的是公元前 1780 年,巴比伦国王汉姆拉比指定了 280 多条法规来治理国家。法规中包含了很多针对建筑者的规定,这些规定类似法规中众所周知的"以牙还牙":假如房屋倒塌,导致业主死亡,则建造者应判处死刑;假如导致业主的儿子死亡,则建造者的儿子应判处死刑;假如导致业主的奴隶死亡,则建造者应以等量的奴隶赔偿;假如导致财务损失,则建造者应予补偿,对倒塌房屋要由建造者重建,费用由建造者承担。

然而,在文艺复兴时期以前,人们还一直认为破坏是进步的代价,还把破坏看作是不可抗拒的。在英国,最早由詹姆斯一世于 1620 年宣布了与结构相关的法规,这些法规包括墙体厚度等相关规定。伦敦发生大火后,1667 年制定了第一部全面的建筑法案,其中就参照了上述法规。在 1849 年对铁路桥梁破坏进行调查研究后,英国贸易部规定铁的极限应力是 77.5MPa,铸铁对应的安全系数至少为 4。19 世纪末,随着对科学和数学知识理解的进步,人们认为工程师应控制自然界,从而国家形成了工程机构,后来又形成了规范和标准体系。20 世纪初英国编制了建筑材料标准。1904 年各种工程机构组成了工程标准委员会；委员会出版刊物作为英国的标准。第一个标准是关于截面尺寸的标准，其他标准规定了钢材的规格及试验的标准。早在 1909 年，伦敦建筑条例就规定了钢材工作应力的限制。大约在同一时期，美国也提出了类似的规定。1922 年英国首次出版了用于钢桥设计的标准，采用了容许应力设计法，是 BS 153 的前身。1932 年出版了钢结构设计标准 BS 449。

在工业中，标准和规范这两个术语经常混淆。标准是强制性的，而规范在起草时仅提供规范委员会认为最符合工程实践的建议指导。很多工程师不知道这一差异，认为规范的地位高于工程实践。标准一般用于材料和产品，材料和产品应服从标准的要求。现行规范一般用于设计，规范需要有一系列的设计原理以及满足设计原理的设计准则。标准一般以指定的方式指出事件应如何处理，而不阐述其理由，也不阐述所要达到的目的。很多标准和早期的规范都是在有限的试验基础上总结出来的。由于适用性及所作假设的局限性，设计者很难考虑超出规范范围的情况。同样，在制定早期规范时，可能出现得不到有效试验数据的情况，因此规范委员会就必须做出与实际接近的假定。经过多年使用后，如果没有出现问题，则这些假设会被接受，并与基于相关试验数据的条款具有同等地位。当超出规范范围时，同样还会出现困难，例如对现有结构重新进行评估。制定及批准规范需要花费很长的时间，这表明规范可能不能反映最新的研究成果及先进的实践经验。

航空业最先发现了这种方法的缺陷，因此 1943 年指出规范应是提出目标而不是做出规定，即规范应阐明设计要达到的目的，并让设计者自己选择如何达到这个目标。现今的大多数规范都是采用这种方式。20 世纪 70 年代是规范发展很快的时期，这一时期发展的主要特点是：根据试验和理论研究得到的科学计算方法取代了很多简单的设计方法。如：①向极限状态设计方向发展；②分项系数体系取代了单一的安全系数或荷载系数；③改进了荷载和其他作用组合的处理方法；④应用结构可靠性理论确定合理的分项系数；⑤对不同类型的建筑材料及结构形式制定模式规范，并向国际规范方向协调发展。

1.3　结构安全性和适用性

结构安全性和适用性分别指结构完成预定安全功能、适用功能的能力，从属于结构可靠性。结构安全性和适用性分析中，应分别以表达结构安全、适用功能要求的极限状态作为判定结构安全、适用与否的具体标准，它们也是区分结构安全性、适用性问题的具体标准。

《工程结构可靠性设计统一标准》（GB 50153—2008）中将结构的极限状态划

分为两类：承载能力极限状态、正常使用极限状态。《结构可靠性总原则》(ISO 2394：2015)中则将结构的极限状态划分为三类：承载能力极限状态、正常使用极限状态和条件极限状态。

承载能力极限状态指下列但不限于下列不利状态：

(1) 整个结构或其一部分作为刚体失去平衡；

(2) 因屈服、断裂或过大变形而使截面、构件或连接瞬时达到最大承载力；

(3) 因断裂、疲劳或其他与时间有关的累积效应而使构件或连接失效；

(4) 整个结构或其一部分失稳；

(5) 假设的结构体系突然转变为新体系(如跳跃屈曲、大的开裂变形等)；

(6) 地基失效。

正常使用极限状态对应于有关正常使用预定功能的衰退现象，特别指下列、但不限于下列不利状态：

(1) 影响结构构件、非结构构件有效使用或外观，或影响设备运行的不可接受的变形；

(2) 引起人员不适或影响非结构构件或设备运行的过大振动；

(3) 影响结构外观、有效使用或功能可靠性的局部损伤；

(4) 降低结构耐久性能或导致结构使用不安全的局部损伤(包括开裂)，它通常也被称为耐久性极限状态(durability limit state)。

《结构可靠性总原则》(ISO 2394：2015)中特别指出，承载能力极限状态包含结构稳固性(robustness)方面的内容，并根据极限状态被超越的时间、频率以及极限状态的可逆、不可逆性质，对正常使用极限状态做了进一步的说明。《工程结构可靠性设计统一标准》(GB 50153—2008)中有关这两种极限状态的规定与《结构可靠性总原则》(ISO 2394：2015)中的基本一致。

《结构可靠性总原则》(ISO 2394：2015)中提出的第三种极限状态，即条件极限状态，指下列情形：

(1) 与不好定义或难以计算的实际极限状态相近的状态，如以弹性极限作为承载能力极限状态，以(钢筋)去钝作为耐久性能的极限状态，通常也称其为初始极限状态；

(2) 降低结构耐久性能或影响结构和非结构构件性能或外观的局部损坏(包括开裂)。

(3) 针对功能持续加剧衰退的情形所附加的极限状态。

《结构可靠性总原则》(ISO 2394：2015)中对第(1)(3)种情形做了专门说明，这里对其做更充分和详细的解释。

第(1)种情形：理论上讲，对一定时间区域内结构安全性和适用性的要求已涵盖对结构耐久性能的要求，即承载能力极限状态、正常使用极限状态中已反映对结构耐久性能的要求。但是，实际工程中为更好地实现对结构耐久性能的控制，可附加设置一定的中间极限状态，包括与耐久性能有关的特定极限状态，或与一定非临界条件相关的极限状态，如钢筋去钝。它们并不属于结构实际的极限状态，但设置这样的中间极限状态有利于控制结构的耐久性能，从而更好地实现对实际极限状态的控制。

第(3)种情形：作为判定结构失效与否的物理标准，结构实际的极限状态往往意味着外界条件或环境仅发生较小的变化时便可能导致结构突然失效，产生突发的损失。但是，一些场合下的损失是逐渐产生的，这时仅按最终实际的极限状态难以实现对中间过程的控制。一个解决方法是按若干损失水平对结构的不利状态进行划分，如地震分析中将其划分为初步损伤、维修、倒塌等不同损失水平的状态，并以其为中间极限状态分步控制。这种控制的最终目标仍是不超越实际的极限状态，但采用了过程控制的方式。

对于第(2)种情形，《结构可靠性总原则》(ISO 2394：2015)中未作专门说明，但由条件极限状态的意义和上述专门说明可见，它应指与局部损坏相关的中间极限状态，如为保证钢筋混凝土构件不出现降低其耐久性能的过宽裂缝，将构件锈胀开裂作为中间极限状态。它的目的是更好地控制结构的耐久性能，或保证结构和非结构构件的性能或外观。

条件极限状态主要是从实际控制的角度提出的，目的是以近似方法或通过中间环节控制结构实际的极限状态，本质上仍应从属于承载能力极限状态或正常使用极限状态，并不是与它们并行的第三种极限状态。因此，目前对结构极限状态的基本类别只有两个：承载能力极限状态、正常使用极限状态。目前的结构耐久性研究中提出了一些新的极限状态，它们本质上也归属于这两种极限状态

极限状态与结构的功能要求之间具有明确的对应关系，对极限状态的划分实质上也是对结构功能要求的划分。由极限状态的含义和具体说明可见，承载能力极限状态、正常使用极限状态分别对应于结构的安全、适用功能要求。与此对应，描述结构完成预定功能能力的结构可靠性也应被划分为相应的两类，即结构安全性和适用性。它们是对结构可靠性最基本的分类。

1.4 结构耐久性

1.4.1 结构耐久性的概念

目前对结构耐久性分析与控制方法的研究虽已取得显著的成果，但对结构耐久性概念的认识仍存在较大差异。下面首先简要介绍目前国内外对结构耐久性的

一些定义和解释。

《结构设计基础》(EN 1990：2002)中未直接定义结构耐久性，但指出：在适当考虑结构环境和预期维护水平的条件下，结构的设计应保证设计使用年限内，劣化现象对结构性能的损害不会使结构性能低于预期的水平。

《混凝土结构耐久性设计与施工指南》(CCES 01—2004，2005 年修订版)中定义结构耐久性为：结构及其构件在可能引起材料性能劣化的各种作用下能够长期维持其原有性能的能力。在结构设计中，结构耐久性则被定义为在预定作用和预期的维修与使用条件下，结构及其构件能在规定期限内维持所需技术性能(如安全性、适用性)的能力。

《工程结构可靠性设计统一标准》(GB 50153—2008)中对"足够的耐久性能"要求做出如下解释：结构在规定的工作环境中，在预定时期内，其材料性能的劣化不致导致结构出现不可接受的失效概率。从工程概念上讲，就是指在正常维护条件下结构能够正常使用到规定的设计使用年限。

《混凝土结构耐久性设计标准》(GB/T 50476—2019)中，将设计确定的环境作用和正常维修、使用条件下，结构构件在设计使用年限内保持其适用性和安全性的能力，定义为结构耐久性。

《工程结构设计基本术语标准》(GB/T 50083—2014)中，将结构在正常维护条件下，随时间变化而仍能满足预定功能要求的能力，定义为结构耐久性。

《结构可靠性总原则》(ISO 2394：2015)中对结构耐久性的定义为：拟定维护条件下，在环境作用的影响下，结构或任意结构构件在一定使用年限内满足设计性能要求的能力。

国内外对结构耐久性概念的定义和解释并不完全一致。对于时间区域，有的明确指出为"设计使用年限"，有的规定为"长期""规定期限""预定时期"或"一定使用年限"，有的则未做规定。对于控制目的，有的规定"不会使结构性能低于预期的水平"或"维持其原有性能"，着眼于结构本身的性能；有的规定"维持所需技术性能(如安全性、适用性)""保持其适用性和安全性"或"满足预定功能要求"，着眼于结构的安全性和适用性；有的则规定"不致导致结构出现不可接受的失效概率"，着眼于结构的可靠度。这些显著的差异使得目前对结构耐久性的概念尚未取得共同的认识。这不仅会影响结构耐久性问题的界定，也会影响结构耐久性的度量、分析与控制。

影响结构耐久性的损伤一般是随时间而缓慢累积的，并逐渐导致结构性能的衰退和结构状态的劣化。目前对结构耐久性问题的研究主要是从时间角度考察结构性能和状态的变化，但这并不是界定结构耐久性问题的标志，因为在结构安全性和适用性的研究中，也需考虑结构性能、状态随时间的变化，如钢筋混凝土构件刚度、受力裂缝宽度等随时间的变化，混凝土材料的收缩、徐变等，但这些都不属于结构耐久性问题。

要明确结构耐久性的概念，需综合考察其研究的内容和目的。这里将其归结为三点。

1. 核心研究内容——结构材料损伤

按系统、科学的观点，一个系统的性能决定于系统要素的性能、数量以及系统要素之间的关系（即系统结构）。构件性能衰退的根源也可按此概括为三个方面：材料性能劣化、材料损耗、内部结构损伤。

材料性能劣化主要指在化学、物理等因素长期作用下材料因化学成分、性质变化（包括水泥材料失去结晶水）而导致其性能下降的现象，如因外部腐蚀介质侵蚀、混凝土内部碱-集料反应、混凝土受长期高温烘烤等造成的材料性能的下降现象。它们是目前结构耐久性研究的核心内容，甚至被作为判定结构耐久性问题的标志。但仅就材料方面而言，构件的性能衰退并非均源于材料性能的劣化，诸如高速水流、风沙、移动车轮、流动物料等力学、物理因素长期作用下产生的构件表层材料的损耗，并没有改变材料的化学成分和性质，但同样会造成构件性能的衰退，它们亦属于结构耐久性研究的核心内容。

构件的内部结构指构件中材料之间，包括不同材料之间的关系，如材料的连续性、钢筋与混凝土之间的黏结、高强螺栓与钢板之间的摩擦连接等，它们的变化对构件的性能也有着直接的影响。内部结构损伤中，常见的是力学因素作用下产生的受力裂缝（包括疲劳裂缝）、钢筋滑移、高强螺栓滑动等，它们并不属于结构耐久性研究的内容。但是，构件的内部结构损伤也可能是因物理因素的长期作用而造成的，如混凝土的冻融循环损伤、砌体材料的物理风化损伤等，这些源于物理原因的损伤则属于结构耐久性研究的核心内容。

综上所述，结构耐久性研究的核心内容包括材料的性能劣化、损耗和内部结构的物理损伤，它们均具有随时间逐渐累积的特征。构件内部结构的物理损伤一般不会改变材料的化学成分、性质和数量，但由于它们的范围往往是局部的，宏观上可被视为局部材料的损伤，因此这里简单地将材料的性能劣化、损耗以及内部结构的物理损伤统称为结构材料的损伤。

构件耐久性能的衰退不一定单纯源于结构材料的损伤。例如，对钢材腐蚀疲劳、高强螺栓应力腐蚀等造成的破坏，其根源既与材料本身的腐蚀有关，也与高周循环应力、高应力等力学因素有关，它们之间具有相互促进的效应，属复合损伤现象。它们亦为结构耐久性研究的核心内容。

结构材料的损伤通常会进一步导致其他损伤现象的发生，如钢筋锈蚀会进一步导致混凝土保护层在锈胀应力作用下开裂，甚至导致钢筋与混凝土在界面剪应力作用下过早地产生相对滑移。这些是结构材料损伤的后续效应，虽然它们也是结构耐久性研究的内容，但其核心是导致这些后果的结构材料损伤。

2. 主要研究内容——结构材料损伤对结构性能、状态的影响

结构材料损伤虽然是结构耐久性研究的核心内容，但对结构而言，还应进一步考察其对结构性能和状态的不利影响。例如，钢筋锈蚀后，需进一步考察其对钢筋与混凝土之间黏结性能的影响，对材料连续性、构件外观的影响，对构件刚度、变形的影响，甚至对构件承载性能的影响。这一点是区分结构耐久性问题与材料耐久性问题的标志。

考察结构材料损伤对结构性能、状态的影响时，既可在设定的时间区域内研究结构材料损伤对结构性能、状态的影响，也可在结构性能和状态不低于预期水平的条件下，研究结构的使用寿命，这时结构材料损伤对结构性能和状态的影响隐性地体现于设定的条件中，即结构的寿命准则中。

3. 最终的研究目的——判定结构满足功能、时间要求的能力

结构耐久性从属于结构可靠性，因此结构耐久性的研究中必须判定结构能否满足功能、时间上的要求，这是结构耐久性研究的最终目的。结构的使用寿命是目前结构耐久性研究中的一项重要内容，但仅仅研究结构的使用寿命，而不考察其与时间要求之间的关系，并不是严格意义上的结构耐久性研究，只是对结构使用寿命的分析和预测。相应的，在设定的时间区域内，仅仅研究结构材料损伤对结构性能和状态的影响，而不考察其与相应极限状态、功能要求之间的关系，也不是严格意义上的结构耐久性研究。结构耐久性研究的最终目的是在考虑结构材料损伤的基础上，对结构满足功能、时间要求的能力做出判定。

综上所述，结构耐久性研究的核心内容是结构材料损伤，即结构材料的性能劣化、损耗和内部结构的物理损伤，其主要内容是结构材料损伤对结构性能和状态的影响，最终目的是判定结构在规定条件下能否满足功能、时间上的要求。

结构耐久性是结构可靠性中涉及结构材料损伤的特殊内容。根据结构可靠性的定义，可定义结构耐久性为：结构在规定的时间内，在规定的条件下，保持材料工作能力并完成预定功能的能力。材料工作能力指结构材料抵抗损伤的能力，即抵抗材料性能劣化、损耗和内部结构物理损伤的能力。根据结构时域可靠性的定义，从时间角度考察时，可将结构耐久性定义为：结构在规定的条件下，在保持材料工作能力并完成预定功能的前提下，满足时间要求的能力，或结构在规定的条件下，其使用寿命满足时间要求的能力。这里的结构使用寿命指在保持材料工作能力并完成预定功能前提下结构的最长使用时间。

结构耐久性的定义中，对拟建结构，"规定的时间"是指设计使用年限，"规定的条件"是指正常的设计、施工、使用和维护；对既有结构，"规定的时间"是

指目标使用期,"规定的条件"是指正常的使用、维护要求或特殊的使用、维护要求。"预定功能"是指预定的适用、安全功能,分别对应于正常使用极限状态和承载能力极限状态,包括目前结构耐久性研究中提出的新的极限状态。设定结构的预定功能时,或设定结构性能和状态的最低期望水平时,应以不花费大量意外的资金进行维修和修复为原则。

在结构耐久性的分析中,除目前所称的作用,还应根据结构材料损伤的原因,考虑其他力学因素(如高速水流冲刷、风沙侵害、移动车轮和流动物料磨损等因素)以及物理、化学甚至生物因素的影响,采用力学或非力学的分析方法。判定结构耐久性是否满足要求时,既可在限定结构性能和状态不低于预期水平的条件下,采用结构时域可靠度的方法考察结构使用寿命与时间要求(规定时间)之间的关系,也可在规定的时间内,采用结构可靠度的方法考察结构性能、状态与预期水平之间的关系。这两种方式完全等效,可得到同样的结果。

1.4.2 与安全性、适用性的关系

虽然《结构设计基础》(EN 1990:2002)中要求结构设计时应保证结构具有适当的承载能力、使用性能和耐久性能,《结构可靠性总原则》(ISO 2394:2015)中指出结构可靠性涵盖结构的安全性、适用性和耐久性,但在概念上结构耐久性与结构安全性、适用性之间并不是并列关系,不能简单地认为结构可靠性是结构安全性、适用性、耐久性的总称,对结构可靠性最基本的分类仍是结构的安全性和适用性。

结构耐久性是结构可靠性中涉及结构材料损伤的特殊内容,也应是结构安全性、适用性中的特殊内容,不能独立于安全性、适用性之外。首先,在结构安全性、适用性分析中,不能回避结构材料的损伤现象,即结构耐久性问题,否则难以真实反映结构实际的性能;其次,在结构耐久性分析中,也不能仅停留于分析结构材料的损伤,还应进一步考察其对结构性能和状态的影响,判定结构是否安全或适用。目前在结构可靠性分析中,常假设结构性能不随时间变化,若存在结构性能衰退现象,则将它们列为单独的耐久性问题。实际上,这只是结构可靠性分析中考虑结构性能衰退的一种变通方法,不能据此认为结构的耐久性独立于结构的安全性和适用性。

结构耐久性问题与安全性、适用性问题是相容的,它或者应归属于适用性问题,或者应归属于安全性问题,其关键在于在结构耐久性分析中所考虑或设定的结构状态控制标准是属于正常使用极限状态还是承载能力极限状态。这些结构状态控制标准总体上可被划分为两类:新的极限状态、条件极限状态(主要指中间极限状态)。

为控制结构材料损伤对结构功能的影响，结构耐久性研究中提出了一些新的结构状态控制标准，如混凝土不出现锈胀裂缝，锈胀裂缝宽度不超过一定限值等。这类控制标准相当于新的极限状态，但与以往对裂缝的控制一样，也是为保证结构的适用功能而设定的，是对正常使用极限状态的补充，并不代表新的极限状态基本类别。

目前结构耐久性研究中还提出一些特殊的结构状态控制标准，如为防止内部钢筋锈蚀而要求混凝土的碳化深度不超过一定的限值。对于这类控制标准，即使结构达到设定的状态，也不意味着结构达到实际的极限状态。例如，即使混凝土碳化深度达到其限值，一般也不会导致混凝土保护层开裂，更难以导致裂缝宽度过大，它并未达到使结构丧失良好使用性能的程度，即未达到正常使用极限状态。设置这样的控制标准是为更好地保证结构状态不超越实际的极限状态，它们相当于《结构可靠性总原则》(ISO 2394：2015)中提出的中间极限状态，即条件极限状态，目的仍是保证结构具有良好的适用功能。

条件极限状态在目前预应力混凝土构件受力裂缝的控制中也得到了应用。对一级裂缝控制等级的预应力混凝土构件，现行规范中要求混凝土中不应出现拉应力。但是，即使混凝土中的应力达到临界状态(等于0)，一般也不会导致混凝土开裂，使结构丧失良好的使用性能。这种结构状态控制标准亦属于条件极限状态，也是为更好地保证结构的适用性。

结构耐久性研究中提出的上述两类结构状态控制标准均从属于正常使用极限状态，相应的耐久性问题应归入适用性问题。结构设计中，一般均应将耐久性问题限定于适用性问题的范围内，以避免结构材料损伤严重影响结构的使用，甚至威胁结构的安全，这是结构设计应遵循的基本原则。《结构可靠性总原则》(ISO 2394：2015)中便明确将耐久性极限状态归入正常使用极限状态中。但是，一些情况下结构材料的损伤也可能直接威胁结构的安全性，这时则应将耐久性问题归入安全性问题。

例如在腐蚀介质浓度和空气相对湿度都较高的环境中，若因客观条件限制而难以对构件进行有效的检测或监测，则实际使用中结构材料遭受严重损伤而未被及时发现的可能性将增大。这时除加强防护措施外，还有必要考虑和分析结构材料损伤对构件承载能力的影响，按更严格的标准控制结构材料的损伤，保证构件具有足够的承载能力。这时对结构耐久性的考虑和分析便直接涉及结构的安全性，而设定的结构材料损伤控制标准则相当于承载能力极限状态的条件极限状态，应将其归入结构安全性问题。

再例如，若计划若干年后拆除既有的结构，而该结构在恶劣的环境中又需继续使用，则为准确判定拆除前结构能否安全使用，在既有结构的可靠性评定中便需定性或定量地考虑结构材料损伤对承载能力的影响，按承载能力极限状态判定结构能否满足安全功能要求。这时的结构耐久性问题亦直接涉及结构的安全性，应归入结构安全性问题。

综上所述，结构耐久性是在结构可靠性或安全性、适用性中涉及结构材料损伤的特殊内容，它或者应归属于结构适用性，或者应归属于结构安全性，关键在于其所考虑或设定的结构状态控制标准是属于正常使用极限状态还是承载能力极限状态。目前在结构耐久性研究中提出的新的结构状态控制标准是对正常使用极限状态、承载能力极限状态这两类基本极限状态的补充，或是隶属于这两类基本极限状态的条件极限状态，并不是与这两类极限状态并行的第三种基本极限状态，这是理解结构安全性、适用性、耐久性之间关系的关键。一般情况下，结构耐久性问题宜被限定于适用性问题的范围内，但一些情况下也可能涉及结构的安全性。

根据结构可靠性、结构时域可靠性、结构安全性、适用性和耐久性的概念，可将结构可靠性的基本概念体系表达为图 1-3 所示的形式。结构可靠性和结构时域可靠性是一对关系紧密的耦合概念，是从功能、时间两个不同角度对同一内容的描述，无本质区别，它们均可被划分为安全性、适用性两个基本类

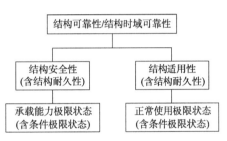

图 1-3 结构可靠性的基本概念体系

别。结构耐久性是结构可靠性或结构安全性、适用性中涉及结构材料损伤的特殊问题，从属于结构适用性或安全性。结构安全性和适用性分别对应于承载能力极限状态和正常使用极限状态，这两类极限状态中均包含条件极限状态，它们以近似方法或通过中间环节控制结构实际的极限状态。无论是结构的安全性、适用性还是耐久性，均可采用结构可靠性或结构时域可靠性的方法，从功能或时间角度进行考察和分析，两种方式亦无本质区别。

1.5 国外可靠度理论标准与规范

工程结构的安全性历来是设计中的重大问题，这是因为结构工程的建造耗资巨大，一旦失效不仅会造成结构本身和生命财产的巨大损失，还往往产生难以估量的次生灾害和附加损失。结构安全性的设定是一个涉及国家政策、经济发展水平、社会文化背景、历史传统等多方面的问题，在相当程度上反映在一个国家的设计规范中。

结构设计规范是众多科技工作者智慧的结晶，代表着一个国家结构设计理论发展的水平。作为标准，它不是一成不变的，而是随着科学技术的不断发展和对客观世界的新认识，在继承旧规范合理部分的同时，不断吸收新的研究成果，逐步被修订和完善。结构安全性控制方法的发展也是如此，先是由定值设计法发展为半概率法，目前正由半概率法逐步向概率极限状态设计法（可靠度设计方法）过渡。同结构设计规范的发展过程一样，概率极限状态设计方法本身也是由简单到复杂，需要不断完善的过程。

1.5.1　国际化标准组织（ISO）和国际标准 ISO 2394

ISO 是由世界上 148 个国家组成的国际标准机构，是一个非政府组织，遵循一个国家为一个代表的原则。1947 年 2 月 23 日成立，总部设在瑞士日内瓦。ISO/TC 98 为结构设计基础委员会，该委员会的职责是从总体上分析和协调制定有关结构（包括钢、砖石、混凝土、木等）可靠性的基本要求。所以说 ISO/TC 98 是协调、组织建筑和土木工程领域国际标准的一个机构。其主要工作领域为：①结构可靠性中的术语和符号；②结构可靠性；③结构上的荷载、力及其他作用。

ISO/TC 98/SC 2 目前编制的国际标准包括 ISO 2394：2015《结构可靠性总原则》、ISO 10137：2007《结构设计基础——建筑物和走道抗震功能的适用性》、ISO 12491：1997《建筑材料和部件质量控制的统计方法》和 ISO/FDIS 13822：2010《结构设计基础——既有结构的评定》。

ISO 2394：2015《结构可靠性总原则》是一本关于结构可靠性设计方法的国际标准。1986 年的版本只有十几页，而 1998 年的版本有六十多页，内容增加很多，如增加了疲劳可靠性、已有结构可靠性评估、基于试验的结构可靠性设计等方面的内容，有些方面的内容也更加详尽，如引进了结构使用年限的概念、环境影响等与结构耐久性有关的内容。ISO 2394 在国际上有很大影响，许多国家有关规范编制、修订都参考了该标准。

1.5.2　欧洲标准化委员会（CEN）和欧洲规范 EN 1990：2002

20 世纪 80 年代末和 90 年代，在欧洲标准技术委员会（CEN TC-250）的组织和协调下，首先编制了一套欧洲试行规范 ENV 1991~ENV 1999。经过一段时间的使用后，欧洲标准技术委员会决定，通过修订和补充，将欧洲试行规范转变为欧洲正式规范，即欧洲规范。欧洲结构规范是一配套使用的土木工程设计规范，有英语、法语和德语三种语言的官方版本。这套规范的第一本为 EN 1990：2002《结构设计基础》。

EN 1990 是一本以结构可靠性原理作为指导原则的规范，其理论背景是 ISO 2394 和 CEB 公报。EN 1990 的"附录 C：分项系数设计与可靠性分析基础"和"附录 B：工程结构可靠性的管理"解释了 EN 1990 的理论基础。在 EN 1990 正式颁布之前，SAKO、北欧结构事务联合会受 NKB 和 INSTA −B 的委托，针对北欧的情况，考虑混凝土、钢材和木材三种主要结构材料，通过可靠度分析对不同永久作用与可变作用比值下安全水平的一致性进行了比较。项目完成后，分别由法国、比利时和丹麦的三位知名教授进行了独立评审。

如前所述，按照欧洲标准化委员会的规定，欧洲规范作为标注为 EN 的欧洲标准，它负有必须被各成员国一级采用的责任，一旦采用后就具有国家标准的合法地位，而其他的原有国家标准必须撤销。所以，欧洲规范规定，这些执行欧洲规范国家的标准应包括欧洲规范的全文（包括所有附录），可以在各自国家标准的前面附以国家标题页和前言，后面附以国家附录。考虑到每一成员国规范管理机构的责任，国与国之间安全水平的不同，保留各成员国根据他们的具体情况确定与安全有关的参数值的权利。而国家附录仅包括那些欧洲规范中留做待定、供成员国选择的参数和有关信息，这些参数称为用来进行建筑和土木工程设计的国家参数，包括：①欧洲规范给出的可供选择的值或等级；②在欧洲规范中只给出了符号的值；③国家的专用数据（地理、气候等），如雪分布图；④欧洲规范给出的可供选择的方法，包括应用信息性附录和为帮助用户使用欧洲规范，无抵触的补充参考资料。

欧洲标准化委员会（CEN）与国际标准化组织（ISO）有着极其密切的关系。根据 1991 年 ISO 和 CEN 之间缔结的维也纳协定，对于 CEN 先行制定的标准，ISO 将不再另行制定，用 CEN 制定的标准作为 ISO 相应部分标准的草案。毋庸置疑，像欧洲规范这样的地域性标准改为国际规范的做法将会受到世界各国的关注。

1.5.3　国际结构安全度联合会（JCSS）和概率模式规范

1971 年，协调六个国际土木工程协会活动的联络委员会创建了国际结构安全度联合会（JCSS）。JCSS 先后起草并出版了多个有关结构安全性的文件，这些文件成为编制不同类型结构设计和建造指导文件的背景材料，其中包括 ISO 文件、CEB 和 ECCS 模式规范。1985 年 JCSS 改组后制定的主要工作目标是：①将新的基础科学知识转化为规范编制前可以应用的原理；②承担编写关于安全性、可靠性和质量保证最新文献的任务，包括可靠度方法和模式的发展动态；③增进安全性、可靠性方面的一般知识和了解，加强结构质量保证技术与结构可靠性评估的交流；④为成员协会在相关主题的技术合作提供一个框架，鼓励研究，传播信息。

JCSS 一直致力于编制一本《概率模式规范》，其目的是探讨直接用概率原理对结构进行设计的方法。《概率模式规范》共分四部分，第一部分——设计基础，阐述了结构可靠性的基本概念，在附录中以较多的篇幅论述了结构可靠度的计算原理。特别在"附录 D：概率的贝叶斯解释"中，提到了用贝叶斯方法理解结构可靠性的重要性；第二部分——荷载模型，讨论了结构设计中各种荷载的随机变量、随机场和随机过程模型及荷载组合方法；第三部分——材料特性，论述了各种材料的随机特性和质量控制策略及结构抗力的概率模型；第四部分——应用实例，用钢筋混凝土板、钢梁、二层钢框架结构和多层框架中的钢筋混凝土柱四个例子介绍了直接用可靠度理论进行设计的方法。

除《概率模式规范》外，JCSS 还在编制《已有结构评估规范》。尽管 JCSS 编制的规范不是正式的规范，但这些文件及其中的方法对有关国际标准和规范（如 ISO 2394、EN 1990 等）的编制和修订起了重要参考作用。

1.5.4 国际结构安全度与可靠度协会（IASSAR）和国际会议（ICOSSAR）

国际结构安全度与可靠度协会（IASSAR）是一个专门从事结构随机性、安全度和可靠度研究、教育和将可靠性理论转化为工程应用的国际机构，在结构随机性研究方面涉及的范围包括：计算随机力学，随机动力学，系统可靠度和优化，随机有限元、疲劳和损伤分析，系统识别。该协会自 1969 年由结构可靠度研究先驱 Freudenthal A. M. 教授创始以来，共组织了 8 次国际结构安全度和可靠度的大型会议（ICOSSAR）。每次会议都出版一套关于结构随机性、可靠性的论文集。为了表彰一直从事可靠性研究并做出杰出贡献的学者，每次会议还针对上述 6 个研究领域评选出一个 IASSAR 杰出研究奖和一个 IASSAR 青年研究奖。除研究奖外，每次会议还评选出一个在可靠性教育、将可靠性理论转化为工程应用方面做出突出贡献的 IASSAR 特别贡献奖。

1.5.5 土木工程风险与可靠度协会（CERRA）和统计与概率应用国际会议（ICASP）

统计与概率应用国际会议（ICASP）是一个由土木工程风险与可靠度协会（CERRA）资助的国际大型会议，每 4 年举行一次，其宗旨是为工程师、科学家、教育家、研究人员和从事工程实践的人员提供一个信息交流的舞台，会议主题包括所有土木工程方面的风险和不确定性管理。最近召开的一次会议是第九次会议，于 2003 年 7 月 6~9 日在美国旧金山召开，由加利福尼亚大学伯克利分校土木与环境系和 CERRA 共同主办。

结构可靠性的不确定性

结构在未来时间里承受的作用以及呈现的性能、状态一般都是随机的，结构可靠性分析的目的便是根据这些因素的概率特性，确定结构在规定时间内，在规定条件下，完成预定功能的概率，即结构可靠度，它应具有客观上确定的量值。但是，这种客观的可靠度在工程实际中是很难被准确掌握的，几乎无法以其作为决策的依据。人们实际依据的是结构可靠度分析的结果，即主观认识的结果，它亦具有不确定性。因此，结构可靠度的分析结果既涉及客观事物的不确定性，亦涉及对客观事物认识的不确定性。全面考察这些不确定性，特别是主观认识上的不确定性，对工程实际中结构可靠性的分析与控制是非常必要和重要的。

对于主观认识上的不确定性，在基础学科方面已提出模糊数学、证据理论等不确定性理论，结构可靠度分析中也对此进行了一定的研究，但目前对这种不确定性的认识仍存有差异，相应的分析方法也不尽相同。本章通过分析和归纳各种不确定现象，提出客观不确定性和主观不确定性的概念，并利用信度、未确知量、Δ补集等概念以及信度的公理化运算规则，建立统一的主观不确定现象的描述和分析方法。由于它是第3章中结构可靠性度量方法和控制方式的重要基础，因此这里按基本理论对其做完整的阐述。

2.1 不确定性的类别

2.1.1 不确定性理论

针对客观事物变化和人们认识活动中的不确定现象，目前已提出多种相关的理论，其目的是根据各种不确定现象的性质和特点，揭示不确定现象变化的规律，并建立相应的定量描述和分析方法。目前提出的不确定性理论主要包括下列几种。

1. 概率论(theory of probability)

瑞士数学家伯努利(Jacob Bernoulli)在1713年出版的遗著《推测术》中，建立了概率论的第一个极限定理，成为该理论的奠基人。概率论主要研究客观事物变化中的随机现象，利用概率和随机变量描述事物随机变化的规律。早期的概率是按事物发生的频率予以解释和定义的，目前的公理化定义则使概率能够在数学上描述各类复杂的随机现象。

实际应用中，概率论主要用于描述和预测客观事物未来的随机变化，结构可靠性理论便是在概率理论被引入结构工程学后迅速发展起来的。

2. 贝叶斯决策理论(theory of bayesian decision)

1763 年，英国学者贝叶斯(T. R. Bayes)在去世后公开的学术论文《论有关机遇问题的求解》中，提出著名的贝叶斯公式和一种推断方法。1954 年，美国统计学家萨维奇(Leonard J. Savage)在其著作《统计学基础》中，从决策角度对统计分析方法进行了研究，提出主观概率(subjective probability)的概念，建立了贝叶斯决策理论。该理论认为概率是人们根据经验对事件发生的可能性所抱有的"信度"(degree of belief)，可称其为主观概率。贝叶斯法最显著的特征是将人的经验引入对随机现象的分析和推断中。由于分析和推断结果受主观因素的影响，贝叶斯法在学术界引起了很大的争议，但它在实际应用中取得了很大的成功，被推广应用到很多领域。

目前贝叶斯法已为多数学者所接受，争论的焦点已转移为如何确定贝叶斯法中的先验分布(prior distribution)。在这一方面，基于无信息先验分布(non-informative prior distribution)或 Jefferys 先验分布的贝叶斯法得到普遍的认可。在土木工程领域，这种方法在国际上已被《结构可靠性总原则》(ISO 2394：2015)和《结构设计基础》(EN 1990：2002)用于对结构抗力设计值的推断。

3. 模糊数学(fuzzy mathematics)

1965 年，美国控制论专家扎德(L. A. Zadeh)发表学术论文《模糊集合》(fuzzy sets)，它标志着模糊数学的诞生。该理论主要研究因概念的模糊性而产生的不确定现象，并利用隶属度(membership degree)定量地对其进行描述和分析。模糊数学在模式识别、聚类分析、综合评判、数理逻辑、决策等方面得到了广泛应用。在结构工程领域，它主要应用于结构的适用性分析、损伤评估、工程软设计等方面。

4. 证据理论(theory of evidence)

证据理论首先由美国学者登普斯特(A. P. Dempster)于 1967 年提出。1976 年，他的学生美国学者沙菲尔(G. Shafer)出版学术专著《证据的数学理论》，创立了证据理论。该理论主要研究基于证据的推理过程，利用信度(degree of belief)描述对命题的信任程度，处理认识和推理中的不确定现象，主要应用于专家系统和人工智能研究。1993 年，我国学者段新生对证据理论做了系统介绍，并在主观概率、信度预测、人工智能和专家系统方面进行了系统研究和探讨。

在结构工程领域，我国学者王光远在模糊数学和证据理论的基础上对未确知信息进行了深入研究，并将研究成果应用于工程软设计理论。刘开第等进一步提出未确知数学。

5. 灰色系统理论(theory of gray systems)

1982 年我国学者邓聚龙发表了学术论文《灰色系统的控制问题》，标志着灰色系统理论的诞生。灰色系统指信息部分明确、部分不明确的系统。该理论主要利用灰数描述和分析不明确的信息，并以此为基础分析和控制灰色系统。

2.1.2　结构可靠性分析中的不确定性

结构可靠性的研究中，人们亦注意到影响结构可靠度分析结果的各种不确定因素，并对其不确定性进行了分类。

1975 年，美籍华人学者 A. H-S. Ang(洪华生)和 W. H. Tang 研究了现实世界中信息的不确定性，并将其划分为两类。

1. 与随机性相关的不确定性(uncertainty associated with randomness)

许多与工程相关的现象或过程都包含着随机性，即它们的结果(在一定程度上)是不可预测的。对这些现象可通过实际的观测描述其特性，但每次实际观测的结果必定是有差异的(即使在形式上相同的条件下)。换句话说，通常存在着测量值或实现值的一个范围，且该范围内一些特定的数值会较其他数值更频繁地出现。这些经验数据可形象地以直方图或频率图描述。

2. 与不完善的建模和参数估计相关的不确定性(uncertainty associated with imperfect modeling and estitation)

工程中的不确定性并非完全局限于所观测基本变量的变异性。首先，根据观测数据估计的给定变量(如均值)的值并非是零误差的(特别是数据有限时)，实际上在一些情况下它们并不比更多依据工程判断给出的"有据推测"好；其次，通常用于工程分析和改进设计的数学或模拟模型(如公式、等式、运算法则、计算机模拟程序)，甚至试验模型，都是对真实情况的理想描述，在不同程度上是对真实世界的不完善描述。因此，以这些模型为基础的预测和计算可能是不准确的(在一些不明的程度上)，也就包含着不确定性。

1992 年后，王光远在提出的工程软设计理论中将事物的不确定性归结为三类。

(1) 未来事物的随机性。对于未来的事物，常常由于无法严格控制其发生的条件，一些偶然因素使事物发展的结果不可能准确地预先知道，这种由于条件的不确定性和因果关系不明确而形成的后果的不确定性被称为随机性。

(2) 概念外延的模糊性。目前可以数学处理的模糊性事物是比较简单的，概括起来说，目前人们所考虑的事物的模糊性，主要是指由于不可能给某些事物以明确的定义和评定标准而形成的不确定性，这种人们考虑的对象往往可以表现为某些论域上的模糊集合。

（3）主观认识的未确知性。人们认识上的不确定性除了某些概念外延的模糊性外，还会遇到由于信息的不完整性而带来的认识上的不确定性。它是由于决策者所掌握的证据尚不足以确定事物的真实状态和数量关系而带来的纯主观认识上的不确定性。

1992 年后，赵国藩将事物的不确定性归结为类似的三类。

（1）事物的随机性。所谓事物的随机性，是事物发生的条件不充分，使得在条件与事件之间不能出现必然的因果关系，从而事件的出现与否表现出不确定性，这种不确定性称为随机性。

（2）事物的模糊性。事物本身的概念是模糊的，即一个对象是否符合这个概念是难以确定的，也就是说一个集合到底包含哪些事物是模糊的，而非明确的，主要表现在客观事物差异的中间过渡中的"不分明性"，也即"模糊性"。

（3）事物知识的不完善性。工程结构中知识的不完善性可分为两种：一种是客观信息的不完善性，是由于客观条件的限制而造成的，如由于量测的困难，不能获得所需要的足够资料；另一种是主观知识的不完善性，主要是人对客观事物的认识不清晰，如科学技术发展水平的限制，对"待建"桥梁未来承受的车辆荷载的情况不能完全掌握。

2001 年，国际结构安全度联合委员会(JCSS)则将不确定性划分为下列三类：

（1）固有的物理或力学不确定性(intrinsic physical or mechanical uncertainty)；

（2）统计不定性(statistical uncertainty)；

（3）模型不确定性(model uncertainty)。

2.1.3 客观不确定性和主观不确定性

目前对不确定性的分类和解释并不完全相同，但这些不确定性总体上可被归纳为两类：一类是客观事物本身具有的不确定性，如随机性、固有的物理或力学不确定性等；一类与人对客观事物的认识有关，包括模糊性、模型不确定性、知识不完善性、未确知性等。这两类不确定性的根本差别在于其产生的根源，它们分别源于客观事物本身和对客观事物的认识。按此可将事物变化和人们认识活动中的不确定性划分为下列基本的两类。

（1）客观不确定性(objective uncertainty)：一定条件下，客观事物未来变化的不确定性，即随机性，它源于客观事物，完全由事物本身的变化规律所决定。

（2）主观不确定性(subjective uncertainty)：一定认知水平下，对客观事物认识的不确定性，它源于认识的主体(人)，决定于人们的认知水平，受认识手段、信息资源、知识水平、自然和社会条件等的制约。

2.2 随机性

2.2.1 随机现象

客观事物变化的过程中，其可能出现的结果不止一个，且无法事先准确确定其最终结果的现象被称为随机现象。对某一具体结果，它在未来时间里可能出现，也可能不出现。如掷一枚骰子，其可能出现的结果有 6 个，但无法事先准确确定其最终出现的点数，1 点可能出现，也可能不出现。

随机现象包括重复性、非重复性两类。对于重复性随机现象，相同条件下可重复试验和观测事物的变化，如"抛硬币""掷色子"等，但每次观测的结果不一定相同。对于非重复性随机现象，相同条件下则不可重复试验和观测。如"本地区未来 50 年内的最大风压""某水坝未来 100 年内遭受的最大地震"等，这些也是随机现象，但属于特定事物的随机现象，是不可重复试验和观测的。概率论和统计学目前主要研究的是重复性随机现象。

2.2.2 随机现象的成因

任何已发生的事物都有完全确定的原因，事物变化的历史轨迹都是由一系列曾经出现的特定因素决定的。但是，事物未来的变化并不一定完全重复过去，在受稳定的主要因素影响的同时，往往还有大量时隐时现、变化无常的其他因素在特定的时间和场合发挥作用。这些因素可能出现，也可能不出现，对事物的影响大，也可能不大，在一定程度上影响着事物未来变化的结果。因此，虽然事物未来的变化受稳定的主要因素的影响，但并不完全由它们所决定。相对于这些主要因素，事物未来变化的结果是不确定的，即随机的。这是随机现象产生的内在原因。

预测事物的变化时，如果能事先掌握和控制所有决定事物变化的因素及其相互关系，则可准确预测事物未来变化的结果。但是，这往往是不可能或不现实的，通常只有部分因素能够得以掌握或控制，这些因素在概率论中被称为"条件"。除了能够掌握或控制的因素，事物未来的变化还会受其他因素的影响，而人们无法根据不充分的"条件"准确预测事物未来变化的结果。相对于这些能够掌握或控制的"条件"，事物未来变化的结果也是不确定的。这是随机现象在人们预测活动中的外在表现。

2.2.3　随机性的特点

随机现象的不确定性，即随机性，具有下列特点。

1. 针对未来事物

对于随机变化的事物，在其转化为现实事物之前，其变化的结果是无法预先准确判定的，事物的变化呈现随机性；这些事物一旦转化为现实事物，则事物变化的结果便成为客观上完全确定的、不可改变的事实，不再具有随机性。

抛出硬币之前，究竟哪一面向上事先是无法准确判定的；但一旦抛出并落地，其结果就只能有一个，且不可改变。如果将"抛硬币"作为随机现象分析，一定是指抛出硬币之前，即事物发生之前。明日天气情况是随机的，但一旦历经了明日，该日的天气情况便不再具有随机性。虽然人们并不完全了解该日天气的详尽情况，但客观上它已成为确定的、不可改变的事实，不再具有随机性，即已发生的事物不再具有随机性，即使它是未知的。对于拟建结构，钢筋的强度是随机的。如果事先已确定在某特定的位置采用某根特定的钢筋（钢筋实物），则该钢筋的强度不再是随机的，它已具有客观的数值，即未来可能的事物转化为现实确定的事物后，该事物不再具有随机性。对于既有结构，钢筋当前时刻的强度客观上都是确定的，均具有各自特定的数值。虽然它们之间可能存在着差异，但这种差异是确定性事物之间的差异，并不意味着既有结构当前时刻的钢筋强度具有随机性，即对于存在差异的确定性事物，它们也不具有随机性。

总之，所有已发生和存在的事物客观上都是确定的，不具有随机性，而随机变化的事物一定指未来的事物。

2. 相对条件而言

任何事物的变化都有其内在规律，而这种规律能够通过科学的方法在一定程度上认识和掌握。对于随机变化的事物，对其影响因素掌握得越多，控制得越严格，即条件越苛刻，事物变化的随机性会越小，甚至被消除。客观事物的随机性会随条件的变化而变化。

对于自然养护条件下生产的混凝土材料，其立方体抗压强度是随机的。如果完全采用实验室的标准养护方法，而其他条件不变时，混凝土立方体抗压强度的随机性会随之减小，即事物的随机性会随着更为苛刻的条件而减小。空气中，即使同一物体在同一地点自由下落，其同一高度的加速度也会因气流等因素的影响而具有一定的随机性。如果将其置于真空，更为苛刻地限制物体自由下落的条件，而其他条件不变时，物体在同一高度的加速度将成为确定的数值，这时事物运动的随机性因苛刻的条件而被消除。

3. 完全源于客观事物

随机性随条件变化的现象表面上呈现人的影响和作用，但它完全根植于事物内在的变化规律。无论如何控制和变换条件，事物随之而呈现的随机性根本上是由事物内在的变化规律决定的，而且事物内在的变化规律越复杂，随机性一般会越强。例如，相对于静力荷载，结构在动力荷载作用下的反应更具有随机性。客观事物未来变化的随机性完全源于客观事物本身的变化规律。正是鉴于这一点，可按不确定性产生的根源称其为客观不确定性。

为进一步明确客观不确定性的概念，这里讨论一个特殊的问题，即统计不定性。它指样本容量(抽样数量)有限时随机事物统计特性的不确定性。记 X 为描述某随机事物的随机变量，其均值 μ 和标准差 σ 未知；X_1，X_2，$\cdots$，X_n 为拟抽取的 X 的 n 个样本(n 为样本容量)，它们均为随机变量，且与 X 具有相同的概率分布。这时样本均值

$$\overline{X} = \frac{1}{n} \sum_{i=1}^{n} X_i \tag{2-1}$$

它亦为随机变量，其均值和方差分别为

$$E(\overline{X}) = \mu \tag{2-2}$$

$$D(\overline{X}) = \frac{1}{n} \sigma^2 \tag{2-3}$$

由式(2-3)可见，样本容量 n 越小，样本均值 $\overline{X}$ 的方差 $D(\overline{X})$ 则越大，即不确定性越强。这种不确定性即随机变量 X 的统计不定性，它完全决定于客观事物本身，是客观事物的随机性在抽样统计活动中的表现，亦属随机性，即客观不确定性。

获得 X_1，X_2，$\cdots$，X_n 的实现值(具体数值)x_1，x_2，$\cdots$，x_n 后，可得样本均值的实现值 $\overline{x}$，即

$$\overline{x} = \frac{1}{n} \sum_{i=1}^{n} x_i \tag{2-4}$$

如果再独立抽取 n 个样本，并得到另外一组实现值 x'_1，x'_2，$\cdots$，x'_n 和相应的样本均值实现值 $\overline{x}'$，则 $\overline{x}'$ 与 $\overline{x}$ 不一定相同，且一般情况下，样本容量 n 越小，差异越大。对于同一随机现象，样本容量相同时由不同的抽样观测活动会得到不同的统计特性，这是统计不定性在抽样观测活动中的表现，亦属于事物随机性或客观不确定性的表现。

统计不定性会导致人们对随机事物统计特性认识上的不确定性，但其本质是客观事物的随机性在抽样活动中的表现，属于客观事物本身具有的不确定性，即客观不确定性。

2.3 主观不确定性

2.3.1 主观不确定现象

认识客观事物的过程中，由于受认识手段、信息资源、知识水平、自然和社会条件等的制约，人们对客观事物的认识并非都是确定无疑的，常常是似是而非、模棱两可和难以决断的，对事物的归纳、判断和推理常常缺乏足够的信心，只能在一定程度上肯定某个结果，或否定某个结果。例如：

(1) 乘客对火车运行速度的目测；

(2) 目击者对罪犯外观特征的印象；

(3) 当事人对交通事故的回忆；

(4) 对"年轻人"年龄范围的界定；

(5) 对交通量影响因素的枚举；

(6) 对"星外存在生命"这一判断的认定；

(7) 对"老鼠怕猫，这个老鼠也怕猫"这一推断的认定。

这种主观认识上的不确定现象可被称为主观不确定现象，它涉及个体认识、群体认识两类。前者指某人对客观事物认识上的不确定现象，如老王对"年轻人"的年龄界定；后者则指某群体对客观事物共同认识上的不确定现象，如某班同学对"年轻人"的年龄界定，其不确定性包括个体认识的不确定性和不同个体对同一事物认识的差异性。

2.3.2 主观不确定性的特点

对客观事物认识的不确定性，即主观不确定性，与客观不确定性在诸多方面都存在着差异。相对而言，主观不确定性所涉及的事物不受时间限制，可涉及随机事物，完全源于认识的主体(人)，是相对认知水平而言的，并受客观不确定性的影响。

1. 所涉及的事物不受时间限制

主观不确定性指对客观事物认识的不确定性，无论是过去、现在还是未来的事物，只要属于认识的客体(被认识的对象)，对它们的认识就可能存在不确定性，因此主观不确定性所涉及的事物并不受时间的限制，这是主观不确定性的一个显著特征。例如，"轩辕黄帝出生的日期""中国当前的人口""下次5级以上地震发生的地点"等，便分别涉及过去、当前和未来的事物，对它们的认识都可能存在主观不确定性。

2. 可涉及随机事物

随机事物亦属于认识的客体，因此对它们的认识同样可能存在主观不确定性。如"风压未来随机变化的规律""未来时间里抗力衰减的概率特性"等，这些未来事物随机变化的规律不一定都能被准确掌握，往往只能通过统计推断在一定程度上认识和掌握。这种认识卜蕴含的不确定性亦属于主观不确定性，它所涉及的是随机变化的未来事物。

3. 完全源于认识的主体

即使客观事物本身是确定的，对客观事物的认识仍可能是不确定的。这些事物主要指过去和当前的事物，如"结构曾承受的最大荷载""既有结构构件当前的抗力"等。它们客观上都是确定的，但因认识手段、信息资源、知识水平、自然和社会条件等的制约，对它们的认识则可能是不确定的，存在着主观不确定性。它完全源于认识的主体，是由人们认识上的局限性所导致的。

4. 相对认知水平而言

主观不确定性与认识手段、信息资源、知识水平、自然和社会条件等有着直接关系，是随认知水平而变化的。过去对天气的预报不是很准确，即对未来天气变化的认识存在较强的主观不确定性，这是因为能够掌握的气象信息相对有限，对天气影响因素及其变化规律、相互关系的掌握不充分，即认知水平有限。随着航空航天技术和计算机技术的发展，天气预报的准确程度得到了显著提高，这也意味着随着认识手段、信息资源、知识水平、自然和社会条件等的改善，人们的认知水平得以提高，减小了对未来天气变化认识的主观不确定性。因此，对客观事物认识的主观不确定性并不是绝对的，是相对一定的认知水平而言的。

5. 受客观不确定性的影响

客观不确定性会影响主观不确定性。2.2节中所述的抽样和观测活动中，样本容量 $n=5$ 时，样本均值 $\overline{X}$ 的方差 $D(\overline{X})=0.20\sigma^2$；$n=100$ 时，$D(\overline{X})=0.01\sigma^2$。样本容量 n 越小，方差 $D(\overline{X})$ 越大，即随机事物呈现的统计不定性越强，这时按样本均值实现值 $\overline{x}$ 估计未知的均值 μ 时，对估计的结果便会存在较大的疑虑，表现出较强的对随机事物统计特性认识的不确定性，即主观不确定性。样本容量 n 足够大时，这种疑虑便可在较大程度上被消除，而主观不确定性也随之降低，可在较大程度上认为对随机事物统计特性的认识接近客观实际。这种变化所呈现的便是客观不确定性对主观不确定性的影响。

为进一步明确主观不确定性的概念，这里再讨论一个特殊的问题，即个人对他人认识结果的评价，如对他人结构分析结果的评价。这种评价同样会因信息资源、知识水平等的制约而难以给出确切的结论，具有一定的不确定性，它显然属于主观不确定性。相对于评价者个人，他人的结构分析结果则是客观存在的，它也可能具有不确定性，但按其产生的根源，并不属于客观不确定性。结构分析结果本质上也是他人对客观事物的认识，它虽然是客观存在的，但其本身不是客观事物，而是认识的客体。认识客体可以是客观事物，也可以是人对客观事物认识的结果，不能因他人的认识结果是客观存在的，便将其不确定性归入客观事物本身具有的不确定性，它实际上是客观存在的主观不确定性。无论是个人对他人认识结果的评价，还是他人的认识结果，其不确定性均属于主观不确定性。

2.3.3　主观不确定性的层次

目前提出的模糊性、模型不确定性、知识不完善性、未确知性等均属于主观不确定性。模糊性指因不能明确事物类别的界限而产生的不确定性，如界定"年轻人""鲜艳的颜色""过大的变形"时所具有的不确定性，它涉及对概念的认识。其他不确定性指不能准确确定事物的数量、性质、状态以及事物之间的关系而产生的不确定性，它们涉及对命题的判定。目前对"宇宙恒星数量""恐龙灭绝原因"等的认识也存在这种不确定性。

主观不确定性存在于认识的整个过程中。在感性认识阶段，它主要存在于对事物的观察、观测、感知活动中。例如，通过对裂缝宽度、锈蚀深度等的观察和观测，虽可得到确切的数值，但并不能判定它们是否为实际的真值，只能在一定程度上估计观察、观测的精度，蕴含一定的不确定性。从根本上讲，它们源于对事物的认识，属于主观不确定性。

在理性认识阶段，主观不确定性的核心是概念的不确定性，可按相应界限的性质将不确定的概念划分为两类。

（1）模糊概念：因界限不明确而难以确认其外延的概念。如"影响正常使用的变形""过大的振动"等都属于模糊概念。这里所谓"正常""过大"等界限都是不明确的，难以据此确定其确切的量值，呈现主观不确定性。

（2）笼统概念：界限明确，但难以完整确认其外延的概念。如"既有结构上的荷载"便可能是笼统的。它的界限明确，但列举已查明的各种荷载后，仍可能担心是否遗漏了其他荷载，难以完整确认其范围。这种担心意味着对这个概念的认识存在着主观不确定性。

概念的不确定性会传递到对事物的判断和推理上，导致所谓的"或然判断"和"似然推理"。例如，"年轻人乐于接受新事物，因此年轻人使用共享单车的比例高"。这种判断和推理中均存在一定的主观不确定性，且受"年轻人"这一模糊概念的影响。即使概念明晰，由于对事物变化规律和相互关系的认识不足，也会导致判断、推理上的或然性和似然性。例如，"红薯是营养最全面的蔬菜，因此每周吃红薯的人不缺乏营养"。这里的概念都是清晰和明确的，但这种判断和推理的结果并不能被完全确认，也存在着主观不确定性。

人们认识活动中的主观不确定性具有层次性，它总体上可被划分为感性认识、理性认识不确定性两个层次。在理性认识阶段，又可被划分为概念、判断、推理等层次的不确定性。前一层次的主观不确定性会影响后一层次的主观不确定性。

2.4 随机现象的分析方法

2.4.1 概率

概率论中，一般称事物可能出现的最基本、不可再分的结果为基本事件 ω，且基本事件是两两不相容的；由所有基本事件组成的集合为论域 Ω，而由基本事件构成的任意事件均可表示为论域 Ω 的子集（基本事件和复合事件），其中空集 ϕ 表示不可能事件，全集 Ω 表示必然事件，且两者不相容；论域中所有子集组成的集合为事件域 Γ。

掷两枚相同的色子，仅观测点数，则其基本事件 ω 为 $\{(1，1)\}$，$\{(1，2)\}$，$\cdots$，$\{(5，6)\}$，$\{(6，6)\}$ 等 21 种点数组合，由它们组成的集合便是论域 Ω。任意事件均可表示为论域 Ω 的一个子集，包括不可能事件和必然事件，它们分别对应于空集 ϕ 和全集 Ω。$\{$点数之和小于 2$\}$ 为不可能事件，$\{$点数之差小于 6$\}$ 为必然事件。其他事件也均可表示为论域 Ω 的子集，如事件 $\{$点数之和不大于 4$\}$ 为论域 Ω 的子集 $\{(1，1)，(1，2)，(2，2)，\phi\}$，事件 $\{$点数之和大于 10$\}$ 为论域 Ω 的子集 $\{(5，6)，(6，6)，\phi\}$ 等，所有这些子集中都应包括空集 ϕ。由所有子集（事件）组成的集合便是事件域 Γ，它包含了所有的事件，包括不可能事件。

设事件域 Γ 满足下列条件：

（1）$\Omega \in \Gamma$，必然事件 Ω（全集 Ω）属于事件域 Γ；

（2）若 $A \in \Gamma$，$A^c = \Omega - A$，则 $A^c \in \Gamma$，若事件 A 属于事件域 Γ，则事件 A 之外的事件 A^c（集合 A 的补集 A^c）亦属于事件域 Γ；

（3）若 $A_i \in \Gamma$（$i = 1，2，\cdots$），则 $\bigcup\limits_{i=1}^{\infty} A_i \in \Gamma$，若事件 A_1，A_2，$\cdots$ 均属事件域 Γ，则它们的或事件 $\bigcup\limits_{i=1}^{\infty} A_i$（集合 A_1，A_2，$\cdots$ 的并集 $\bigcup\limits_{i=1}^{\infty} A_i$）亦属于事件域 Γ。

这些是一个完整事件域应满足的基本条件。这时事件域 Γ 中的事件无论是通过并运算还是交运算，其产生的事件依然属于事件域 Γ。事件集合的运算满足下列规则：

（1）幂等律：$A \cup A = A$，$A \cap A = A$

（2）互换律：$A \cup B = B \cup A$，$A \cap B = B \cap A$

（3）结合律：$(A \cup B) \cup C = A \cup (B \cup C)$，$(A \cap B) \cap C = A \cap (B \cap C)$

（4）吸收律：$(A \cup B) \cap A = A$，$(A \cap B) \cup A = A$

（5）分配律：$(A \cup B) \cap C = (A \cap C) \cup (B \cap C)$，$(A \cap B) \cup C = (A \cup C) \cap (B \cup C)$

（6）两极律：$A \cup \Omega = \Omega$，$A \cup \phi = A$，$A \cap \Omega = A$，$A \cap \phi = \phi$

（7）复原律：$(A^c)^c = A$

（8）对偶律：$(A \cup B)^c = A^c \cap B^c$，$(A \cap B)^c = A^c \cup B^c$

（9）互补律：$A \cup A^c = \Omega$，$A \cap A^c = \phi$

再设 P 是定义在事件域 Γ 上的实值集函数，即按该函数，事件域 Γ 中的任意一个事件都对应一个特定的实数。若它满足下列条件，则称其为事件域 Γ 上的概率测度，$P(A)$ 为事件 A 的概率。

（1）非负性。对于任意事件 $A \in \Gamma$，有

$$0 \leqslant P(A) \leqslant 1 \tag{2-5}$$

即概率 $P(A)$ 的值域为 $[0, 1]$。

（2）正则性。对于必然事件 Ω，有

$$P(\Omega) = 1 \tag{2-6}$$

即必然事件发生的概率 $P(\Omega)$ 为 1。

（3）完全可加性。对于任意两两不相容的事件 $A_i \in \Gamma$（$i = 1, 2, \cdots$），$A_i \cap A_j = \phi(i \neq j)$，有

$$P(\bigcup_{i=1}^{\infty} A_i) = \sum_{i=1}^{\infty} P(A_i) \tag{2-7}$$

即由两两不相容的事件组成的或事件的概率等于各事件的概率之和。

引入实值集函数 P 是度量客观事物随机性的重要数学手段，它对概率的定义虽然是公理化的，不及过去的频率定义、统计定义和几何定义直观，但归纳了概率应满足的最基本的条件，可用于描述复杂的随机现象。

对于任意事件 $A_i \in \Gamma$（$i = 1, 2, \cdots$），由公理化定义可得或事件概率的一般表达式，即

$$P(\bigcup_{i=1}^{\infty} A_i) = \sum_{i=1}^{\infty} P(A_i) - \sum_{j>i} P(A_i A_j) + \sum_{k>j>i} P(A_i A_j A_k) - \cdots \tag{2-8}$$

式中，$A_i A_j$ 等表示事件的交集。这里通过反向推导说明式（2-7）与式（2-8）之间的关系，即通过对事件的拆解，将式（2-8）转化为式（2-7）所示的形式。例如，当 $n = 2$ 时，有

$$P(A_1 \cup A_2) = P(A_1) + P(A_2) - P(A_1 A_2) = P(A_1) + P(A_2 - A_1 A_2) \tag{2-9}$$

式中，$A_2 - A_1 A_2$ 为 A_2 中排除 A_1 中基本事件后的事件，与事件 A_1 是不相容的。对

于 $n>2$ 的其他情况，均可通过类似的拆解方法，将式（2-8）转化为式（2-7）所示的形式，即两两不相容事件的概率之和。特别地，对于不相容的必然事件 Ω 和不可能事件 ϕ，有

$$P(\Omega \cup \phi) = P(\Omega) + P(\phi) \tag{2-10}$$

$$P(\Omega \cup \phi) = P(\Omega) = 1 \tag{2-11}$$

$$P(\phi) = 0 \tag{2-12}$$

即不可能事件的概率为 0。

概率论中经常使用的公式包括：

（1）加法公式

$$P(A \cup B) = P(A) + P(B) - P(AB) \tag{2-13}$$

（2）减法公式

$$P(A-B) = P(A) - P(AB) \tag{2-14}$$

（3）乘法公式

$$P(AB) = P(A \mid B)P(B) \tag{2-15}$$

（4）全概率公式

$$P(A) = \sum_{i=1}^{n} P(A \mid B_i)P(B_i) \quad B_i B_j = \phi(i \neq j) \quad \bigcup_{i=1}^{n} B_i = \Omega \tag{2-16}$$

（5）贝叶斯公式

$$P(B \mid A) = \frac{P(A \mid B)P(B)}{P(A)} \tag{2-17}$$

式中，$P(A \mid B)$ 为条件概率，指事件 B 发生的条件下事件 A 发生的概率。

2.4.2 随机变量

设 $\xi = \xi(\omega)$ 是定义在论域 Ω 上的单值实函数，即按该函数，论域 Ω 中的任意一个基本事件 ω 都对应于一个特定的实数。若对于任意实数 x，有 $\{\omega : \xi(\omega) \leqslant x\} \in \Gamma$，即由所有满足 $\xi(\omega) \leqslant x$ 条件的基本事件所组成的事件属于事件域 Γ，则称 $\xi = \xi(\omega)$ 为随机变量，并称函数

$$F_{\xi}(x) = P\{\omega : \xi(\omega) \leqslant x\} \tag{2-18}$$

为随机变量 ξ 的概率分布函数，亦可记其为 $P\{\xi \leqslant x\}$。引入随机变量 ξ 可将语言表达的随机事件转化为数学上的变量，并利用它和概率对随机现象进行定量描述和分析。

3 混凝土预制构件性能的检验

3.1 我国混凝土预制构件性能的检验方法

土木工程结构试验在工程结构构件性能检验方法的发展中占有非常重要的地位，结构试验是一项科学实践性很强的活动，是研究和发展工程结构新材料、新体系、新工艺以及探索结构设计新理论的重要手段，在结构工程学的科学研究、发展和技术革新中具有特殊而重要的地位，它是认识、验证试验结构实际性能的基础手段，其实证性是理论分析方法无法取代的。

在设计领域，结构试验目前主要用于两个方面：与理论研究结合建立设计中结构性能的分析模型，即结构性能的试验建模；判定结构实际的性能是否满足设计要求，即结构性能的试验检验。除此之外，国际上进一步将结构试验引入具体的设计过程中，通过承载力试验和统计推断，直接确定设计对象的抗力设计值，提出基于试验的设计方法。该法较传统设计方法具有更为突出的实证性，是目前设计领域重点研究的方法之一，它与目前的试验建模、检验方法被统称为试验辅助设计方法，该方法可以用于直接确定材料特性的设计值和结构构件的抗力设计值。

本文主要研究结构试验在结构构件性能检验方面的应用，即构件性能试验检验。构件的性能包括抵抗破坏的能力——承载力、抵抗变形的能力——挠度（刚度）、抵抗裂缝的能力——抗裂或裂缝宽度的控制。这三项内容都是预制构件性能试验时必须进行检验的项目，其中抗裂检验和裂缝宽度检验二择其一，前者适用于限制开裂的构件，而后者适用于允许开裂的构件。构件性能试验检验是指对结构构件通过抽样试验，按标准图或设计要求的试验参数及检验指标直接判定同批构件实际的性能是否满足设计规范或设计的要求，并对其性能做出评价。评定混凝土构件性能的基本方法是通过充分的荷载试验，获得构件在承载力（强度）、变形（刚度）、裂缝等方面的实际数据，并与国家标准所规定的相应指标相比较，这些指标正是本文要研究的主要内容。

预制构件应按标准图或设计要求的试验参数及检验指标进行性能检验。对钢筋混凝土构件和允许出现裂缝的预应力混凝土构件，应进行承载力、挠度和裂缝宽度检验；对预应力混凝土构件中的非预应力杆件，按钢筋混凝土构件的要求进行检验。对设计成熟、生产数量较少的大型构件，当采取加强材料和制作质量检验的措施时，可仅做挠度、抗裂或裂缝宽度检验；当采取上述措施并有可靠的实践经验时，可不做性能检验。由于构件性能试验检验是一种破坏性检验（通过加载破坏测定构件的实际结构性能），因此不可能全数检验，而只能采用抽样检验的方式。为使检验具有代表性，应将质量状态相近的同类型（钢筋类型、混凝土强度等级、工艺和结构形式）构件进行分批，即对成批生产的构件，应按同一工艺正常生产的不超过 1000 件且不超过 3 个月的同类型产品为一批。当连续检验10 批且每批的结构性能检验结果均符合要求时，对同一工艺正常生产的构件，可改为不超过 2000 件且不超过 3 个月的同类型产品为一批。在每批中应随机抽取一个构件作为试件进行检验。对同类型的产品进行抽样检验时，试件宜从设计荷载最大、受力最不利或生产数量最多的构件中抽取。

构件性能检验时，应采用短期静力加载试验进行加载，现行《混凝土结构工程施工质量验收规范》（GB 50204—2015）和《混凝土结构试验方法标准》（GB 50152—2012）中对预制构件的性能试验做了明确的规定，应严格按标准的要求进行试验。实际中，很多构件厂未严格按照标准的要求进行构件的性能检验，经常造成构件的误判和漏判。如：不应只注意到承载能力的检验，即加载过程中，尚应测量构件的挠度和观察构件的裂缝，而不仅仅是将构件加载到破坏荷载，若构件未破坏就认为构件合格；构件承载力检验时，应注意不同的受力状态和达到承载力极限状态的检验标志，取相应的检验系数允许值；检验过程中，应严格按照标准规定的分级加载原则进行试验，不合理的加载很难对构件的性能作出合理的检验结论；对于符合重复抽样检验的构件，应进行重复抽样使构件以最大的可能性通过检验。

对于在预制厂按标准图成批生产的常规预制构件，对其性能检验时，其检验荷载和检验标准均已在标准图中给出，只需按标准图中给出的检验指标和现行检验标准进行试验检验就可以。然而对于标准图集中没有给出的非标准预制构件，它不是按通用设计标准图集而是根据现场施工图制作的，就不能简单地按图集进行试验检验，混凝土预制构件中，非标准构件数量很大。实践中，对这类构件的检验颇有争议，方法各不相同，其中由徐有邻学者提出的"等效检验"法是比较有影响力的一种方法，这种检验方法阐述清楚，思考深入，但仍然存在缺陷。根据国家标准的要求，结合实际，文献[58] 较详细地论述了按荷载效应等效原则检验非模数制混凝土预制构件结构性能的方法，简便易行。

20 世纪五六十年代，我国混凝土结构采用多系数极限状态设计原则，所以早期国内工程界采用苏联标准中的 C 值检验法评定结构构件强度的合格性。1960 年,我国颁布《预应力混凝土施工及验收规范》(建规 3—60),提出预应力混凝土构件的质量标准和检验方法。20 世纪 70 年代后,《钢筋混凝土结构设计规范》(TJ 10—74)中开始采用单系数极限状态设计原则,与此相应,《建筑安装工程质量评定标准:钢筋混凝土预制构件工程》(TJ 321—76)采用强度检验系数 β 作为评定构件强度指标,首次对构件性能的试验检验做出了系统的规定,其中的检验方法称为安全系数法。1989 年,我国颁布《混凝土结构设计规范》(GBJ 10—89),采用分项系数极限状态的结构设计原则,不再使用安全系数的概念,由于 TJ 321—76 中的检验标准大体是合适的,因此对其修订时并未调整原检验标准,而是直接通过套改的方式建立新的检验指标和标准,并于 1990 年颁布《预制混凝土构件质量检验评定标准》(GBJ 321—90),采用承载力检验系数 γ_u 作为评定构件承载力的指标,其内容被《混凝土结构工程施工及验收规范》(GB 50204—92)直接引用。GBJ 321—90 中的检验方法主要为形式上的变化,检验项目名称调整为承载力、挠度、抗裂和裂缝宽度,对挠度和抗裂检验改用复式抽样。为适应新的标准《混凝土结构设计规范》(GB 50010—2002)和(GB 50010—2010),2002 年颁布《混凝土结构工程施工质量验收规范》(GB 50204—2002),其中附录 C 为预制构件性能检验方法。2011 年经局部修订颁布 GB 50204—2002(2011 版),提出了新的检验系数法,其变化内容主要是根据材料强度方面新的规定和构件性能计算公式的变化,调整了部分检验系数的允许值,废止了原《预制混凝土构件质量检验评定标准》(GBJ 321—90)和《混凝土结构施工及验收规范》(GB 50204—92)。随着建筑工业化的快速发展,2015 年颁布了《混凝土结构工程施工质量验收规范》(GB 50204—2015),同时废止了原《混凝土结构工程施工质量验收规范》(GB 50204—2002),提出了目前的检验系数法,其变化内容主要是增加了叠合构件叠合面、接搓处的检验系数允许值,调整了部分检验系数的允许值,对预制构件裂缝宽度的检验,增加了最大长期裂缝宽度限值为 0.1mm 时的检验系数允许值,但构件性能检验的相关内容并未改变。

以承载力的检验为标志,我国先后采用的结构性能检验方法可依次被称为 C 值检验法、安全系数法和检验系数法。目前采用的检验系数法继承和发展了 C 值检验法和安全系数法。下面从结构设计原则的角度阐述结构性能检验方法的发展。

3.1.1 C 值检验法

20 世纪五六十年代,我国对混凝土结构采用多系数的极限状态设计原则。此时,国内工程界采用 C 值检验法评定结构构件的合格性,它仅用于验证构件的强度，即构件的承载力，其检验公式为：

$$C = \frac{P_u \cdot m}{P_c} \geq [C] \tag{3-1}$$

式中　P_u——破坏荷载；

　　　P_c——计算荷载；

　　　m——工作条件系数；

　　　$[C]$——检验系数允许值。

该法源于苏联标准，并非建立在我国工程实践的基础上。

3.1.2　安全系数法

安全系数法总结了我国二十多年工程实践的经验，对构件性能检验首次做出系统的规定，将检验项目扩展为强度、刚度、抗裂度和裂缝宽度等。对强度按规范要求或设计要求两种情况进行检验，并采取复式抽样的方法，对其他项目的检验则采取一次抽样的方式。

按照安全系数法，强度检验的公式为：

$$\beta = \frac{K_s}{K} \geq [\beta] \tag{3-2}$$

$$[\beta] \geq \beta = \frac{K_s}{K} \geq 0.95[\beta] \tag{3-3}$$

$$K_s = \frac{Q_s}{Q_k} \tag{3-4}$$

式中　K_s——实测的安全系数；

　　　Q_s——实测破坏荷载；

　　　Q_k——设计使用的标准荷载；

　　　K——规范规定或设计要求的安全系数；

　　　$[\beta]$——强度检验系数容许值；

　　　β——数值大于1的检验系数。

在安全系数检验法中，检验系数与构件破坏形式有关，其数值是根据当时的统计资料、工程经验并参考了国外的有关标准而确定的，主要考虑了材料实际强度与设计强度的差异、配筋率的影响等，并按钢筋抗拉强度控制、混凝土抗压强度控制两种基本类型考虑构件的破坏形式。例如，对热轧钢筋，根据正常生产条件下的统计资料，取其强度实际值为均值减去1倍标准差，它大约为规范规定值的1.05倍；经综合分析，对钢筋抗拉强度控制的破坏形式，取检验系数 $\beta = 1.05$。强度检验的合格标准为：第一次抽取的1个试件即满足式（3-2）的要求；

仅满足式(3-3)的要求时,第二次抽取的两个试件均满足式(3-3)的要求,或其第一个试件满足式(3-2)的要求。

对于抗裂度,按规范要求、设计要求检验的公式分别为:

$$K_f^s \geq [K_f] \tag{3-5}$$

$$K_f^s \geq K_f \tag{3-6}$$

对于承受预应力不超过120d的构件,如考虑预应力损失的时间效应,则检验公式为:

$$K_f^s \geq 0.95K_f^t \tag{3-7}$$

式中　K_f^s——实测的抗裂安全系数,即试验时第一次出现裂缝的荷载与设计中标准荷载(均包括自重)的比值;

　　　$[K_f]$——规范规定的抗裂安全系数;

　　　K_f——设计要求的抗裂安全系数;

　　　K_f^t——考虑时间效应时设计要求的抗裂安全系数。

混凝土收缩、徐变引起的预应力损失与时间有关,原设计规范认为需考虑时间效应的最大天数为120d,并按此计算预应力损失,但检验中的预应力损失应按构件实际承受预应力的时间确定,它一般小于120d,但式(3-5)和式(3-6)中的$[K_f]$、K_f统一是按120d考虑的。它们低于考虑时间效应的相应值$[K_f^t]$、K_f^t。由于预应力取值与实际值的差异、混凝土抗拉性能的离散性、截面尺寸的制作偏差等对抗裂度均有不利的影响,因此$[K_f^t]$、K_f^t相对于其实际值又是偏大的。检验中需采用的是$[K_f^t]$、K_f^t的实际值,它们和$[K_f]$、K_f均小于$[K_f^t]$、K_f^t。出于这一点,并考虑以往的经验和方法的实用性,式(3-5)和式(3-6)中近似以$[K_f]$、K_f作为判定标准,但式(3-7)中则通过K_f^t直接考虑了时间效应,通过系数0.95考虑了张拉预应力值、预应力损失、混凝土抗拉性能离散性和截面尺寸不确定性等对抗裂度的不利影响。TJ 321—76中未考虑按$[K_f^t]$检验的情况,即考虑时间效应时按规范要求检验的情况。总体而言,抗裂检验的方法与强度检验的方法类似,只是采取了一次抽样方式,并针对抗裂度检验的特点考虑了预应力损失的时间效应。

对于刚度,按规范要求、设计要求检验的公式分别为:

$$f_b^s \leq [f_d] \tag{3-8}$$

$$f_b^s \leq 1.2f_d \tag{3-9}$$

式中　f_b^s——标准荷载作用下短期挠度试验值;

　　　$[f_d]$——根据设计规范中的挠度允许值换算的短期挠度允许值;

　　　f_d——标准荷载下的短期挠度计算值。

公式中的刚度检验系数1.2,是考虑到设计规范的刚度计算公式所依据的试验数据，存在一定的离散性，即用于考虑挠度计算模式的不确定性，在检验时予以适当放宽。

对于裂缝宽度，按规范要求检验的公式为：

$$\delta_{bfmax}^s \leq 0.15mm \qquad (3-10)$$

$$\delta_{dfmax}^s \leq 0.20mm \qquad (3-11)$$

式中 δ_{bfmax}^s——短期荷载下屋架、托架受拉杆件的实测裂缝宽度；

δ_{dfmax}^s——短期荷载下其他正常条件下构件的实测裂缝宽度。

公式中的 0.15mm 和 0.20mm 为根据规范中的裂缝宽度允许值换算的短期裂缝宽度允许值。裂缝宽度检验的方法与刚度检验的类似，只是不考虑按设计要求检验的情况，因为裂缝宽度计算结果的离散性过大。

安全系数法的控制水平总体上与 C 值法的相近。工程调查结果说明，它基本可保证通过检验的构件具有必要的安全裕量，大体是合适的。但是，受当时半经验半概率设计方法的制约，它亦属于经验方法，存在着理论上的缺陷。它虽然在强度、抗裂度和挠度检验中考虑了不确定性的影响，但对单个项目而言都是局部的，未全面考虑材料强度、几何尺寸、计算模式、预应力等所有因素的不确定性，或构件整体性能的不确定性，仅选择性地考虑了部分不确定性因素的影响，且采用的是不完全概率方法；其次，强度和抗裂度检验中的安全系数本身和检验系数主要是依据经验确定的；第三，按规范要求检验挠度和裂缝宽度时，直接采用根据设计规范允许值换算的允许值，相当于按设计中的判定方式判定试件的性能，并据此对整批构件做出相同的判定，未考虑小样本抽样时统计不定性的影响，缺乏统计学的基础。

1989 年混凝土结构设计中开始采用近似概率极限状态设计法，废除安全系数术语。为与其协调，《预制混凝土构件质量检验评定标准》(GBJ 321—90) 中提出新的检验方法，即检验系数法，并被《混凝土结构工程施工及验收规范》(GB 50204—92) 引用。因安全系数法的控制水平大体是合适的，故新的检验方法主要是按安全裕量与原标准基本相近的原则通过套改而建立的，其变化主要是形式上的：以检验系数作为判定指标；项目名称调整为承载力、抗裂、挠度和裂缝宽度；对挠度和抗裂检验改用复式抽样。混凝土设计方法后期又有所改进，检验方法也随着改变，主要是根据材料强度取值和相关计算公式的变化调整了部分检验系数的允许值，未有实质变化。

3.1.3　检验系数法

目前我国对受弯预制构件的性能检验均采用以检验系数控制的检验系数法。其检验项目包括承载力、抗裂能力、挠度和裂缝宽度的检验，已经被广大的工程人员所应用。

1. 承载力检验

按照目前的检验系数法，第一次抽样检验时，按规范规定、设计要求检验承载力的公式分别为：

$$\gamma_u^0 \geqslant \gamma_0 [\gamma_u] \tag{3-12}$$

$$\gamma_u^0 \geqslant \gamma_0 \eta [\gamma_u] \tag{3-13}$$

式中 γ_u^0——承载力检验系数实测值，即试件的荷载实测值与荷载设计值（均包括自重）的比值；

[γ_u]——构件的承载力检验系数允许值，与构件破坏形式有关，具体数值主要是通过套改确定的，按表 3-1 取用；

γ_0——结构构件重要性系数；

η——按设计要求检验时构件承载力检验修正系数，即实际配筋与理论配筋的承载力比值。

第二次抽样检验时，承载力检验系数允许值减去 0.05。它与安全系数法中的强度检验基本相同。

2. 抗裂能力检验

预制构件的抗裂检验应符合下列公式的要求：

$$\gamma_{cr}^0 \geqslant [\gamma_{cr}] \tag{3-14}$$

$$[\gamma_{cr}] = 0.95 \frac{\sigma_{pc} + \gamma f_{tk}}{\sigma_{ck}} \tag{3-15}$$

式中 γ_{cr}^0——构件的抗裂检验系数实测值，即试件的开裂荷载实测值与荷载标准值（均包括自重）的比值；

[γ_{cr}]——构件的抗裂检验系数允许值；

σ_{pc}——由预加力产生的构件抗拉边缘混凝土法向应力值，按《混凝土结构设计规范》（GB 50010）确定，一般需考虑预应力损失的时间效应；

γ——混凝土构件截面抵抗矩塑性影响系数，按《混凝土结构设计规范》（GB 50010）计算确定；

f_{tk}——混凝土抗拉强度标准值；

σ_{ck}——由荷载标准值产生的构件抗拉边缘混凝土法向应力值，按《混凝土结构设计规范》（GB 50010）确定。

第二次抽样检验时，抗裂检验系数允许值减去 0.05。相对于安全系数法中的抗裂度检验，它仅选用了考虑时间效应时按设计要求检验的方法，并改用复试抽样方式，其他的基本相同。

表 3-1　构件的承载力检验系数允许值

受力情况	达到承载力极限状态的检验标志		[γ_u]
受弯	受拉主筋处的最大裂缝宽度达到1.5mm，或挠度达到跨度的1/50	有屈服点热轧钢筋	1.20
		无屈服点钢筋(钢丝、钢绞线、冷加工钢筋、无屈服点热轧钢筋)	1.35
	受压区混凝土破坏	有屈服点热轧钢筋	1.30
		无屈服点钢筋(钢丝、钢绞线、冷加工钢筋、无屈服点热轧钢筋)	1.50
	受拉主筋拉断		1.50
受弯构件的受剪	腹部斜裂缝达到1.5mm，或斜裂缝末端受压混凝土剪压破坏		1.40
	沿斜截面混凝土斜压、斜拉破坏；受拉主筋在端部滑脱或其他锚固破坏		1.55
	叠合构件叠合面、接搓处		1.45

3. 挠度检验

对于挠度，按规范要求、设计要求检验时，分别应满足下列公式的要求：

$$a_s^0 \leqslant [a_s] \tag{3-16}$$
$$a_s^0 \leqslant 1.2a_s^c \tag{3-17}$$

式中　a_s^0——荷载标准值下的挠度实测值；

$[a_s]$——挠度检验允许值，是根据设计规范中的允许值换算的荷载标准组合下的挠度允许值；

a_s^c——在荷载标准值下按实配钢筋确定的构件挠度计算值，按《混凝土结构设计规范》(GB 50010)确定。

挠度检验系数允许值$[a_s]$应按下列公式进行计算：

按荷载准永久组合值计算钢筋混凝土受弯构件：

$$[a_s] = [a_f]/\theta \tag{3-18}$$

按荷载标准组合值计算预应力混凝土受弯构件：

$$[a_s] = \frac{M_k}{M_q(\theta-1)+M_k}[a_f] \tag{3-19}$$

式中　$[a_f]$——受弯构件的挠度限值，按《混凝土结构设计规范》(GB 50010)确定；

M_k——按荷载标准组合计算的弯矩值；

M_q——按荷载准永久组合计算的弯矩值；

θ——考虑荷载长期作用对挠度增大的影响系数，按《混凝土结构设计规范》(GB 50010)确定。

第二次抽样检验时，挠度允许值放大1.1倍，即取$1.1[a_s]$或$1.1\times1.2a_s^c$。

相对于安全系数法中的挠度检验，它只是改用了复式抽样方式，其他的基本相同。

4. 裂缝宽度检验

预制构件的裂缝宽度检验应符合下式的要求：

$$w_{s,max}^0 \leqslant [w_{max}] \tag{3-20}$$

式中　　$w_{s,max}^0$——在检验用荷载标准组合值或荷载准永久值作用下，受拉主筋处的最大裂缝宽度实测值，mm；

　　　　$[w_{max}]$——构件检验的最大裂缝宽度允许值，即根据设计规范中的允许值换算的荷载标准组合下的最大裂缝宽度允许值，按表3-2取用，它与安全系数法中的裂缝宽度检验基本相同。

表3-2　构件检验的最大裂缝宽度允许值　　　　　　　mm

设计要求的最大裂缝宽度限值	0.1	0.2	0.3	0.4
$[w_{max}]$	0.07	0.15	0.2	0.25

近年来我国部分学者仍开展着对构件性能检验方法的研究，即基于检验理论、标准图中的试验方案以及对试验结果的分析等，进行了各种预制混凝土构件性能试验检验方面的研究，但主要集中于应用方面，即如何按现行检验方法检验不同类型的构件，而检验方法本身并未得到实质改进。按现行近似概率极限状态设计方法的基本思想，构件性能检验应按设计规范或设计对构件性能的可靠性要求，根据抽样试验结果对同批预制构件实际的性能是否满足要求的概率判断，虽然现行检验方法历经了工程实践的长期检验，验证了其检验效果的总体合理性，但缺乏结构可靠度理论和统计学的基础。在构件性能检验方法未来的发展中，应面向建筑工业化的需要，按现行设计方法的可靠度控制方式，建立以结构可靠度理论和统计学为基础的基于概率的预制混凝土构件性能检验方法，使构件性能检验建立于结构可靠度理论和统计学的基础上，在可靠度控制上实现与现行设计方法的衔接，在适用范围上满足建筑工业化的需要，从而为建筑工业化提供更可靠的技术保障。

3.2　国外混凝土预制构件性能的检验方法

国外有关构件性能检验的文献较少，但对构件承载力设计值推断的研究活跃，它们是建立承载力概率检验方法的基础，其成果主要体现在《结构可靠度总原则》（ISO 2394：2015）和《结构设计基础》（EN 1990：2002）中。

由于抽样试验的试件一般较少，推断结果受统计不定性的影响显著，因此推断构件性能时需采用小样本的推断方法。国际标准 ISO 2394：2015 中提出了三种推断承载力设计值的方法：区间估计法、贝叶斯估计法、基于分析模型的推断方法。它们均适用于小样本场合，且全面反映了构件性能不确定性、保证率和抽样数量的影响，包括统计不定性的影响。

区间估计法和贝叶斯估计法在推断中仅关注试验的结果，可统称为基于试验结果的推断方法。国际标准 ISO 2394：2015 中这两种方法的推断公式分别为：

$$R_{d} = \frac{R_{k,est}}{\gamma_{m}} \frac{\overline{\eta}}{\gamma_{R_{d}}} = \frac{\overline{\eta}}{\gamma_{R_{d}}} \frac{1}{\gamma_{m}} (m_{R} - k_{s}s_{R}) \qquad (3-21)$$

$$R_{d} = \eta_{d} (m_{R} - t_{vd}s_{R} \sqrt{1 + \frac{1}{n}}) \qquad (3-22)$$

式中　　R_{d}——抗力（承载力）设计值；

$\quad\quad R_{k,est}$——抗力标准值的推断值；

$\quad\quad \gamma_{m}$——材料分项系数；

$\overline{\eta}$、$\gamma_{R_{d}}$、η_{d}——转换系数或计算模式不确定系数的平均值、分项系数和设计值；

$\quad\quad m_{R}$、s_{R}——样本均值和标准差；

$\quad\quad\quad k_{s}$——与样本容量（试件数量）n、抗力标准值保证率 $p_{R_{k}}$、置信水平 C 有关的系数；

$\quad\quad\quad t_{vd}$——与样本容量 n、抗力设计值保证率 $p_{R_{d}}$ 有关的系数（与置信水平 C 无关）。

两个公式的形式不同，同条件下的推断结果也不同，这将导致方法选择上的疑虑。欧洲规范 EN 1990：2002 中仅选用了其中的贝叶斯估计法，只是采用了不同的形式，但与区间估计法和一般的贝叶斯估计法不同，它未设置小样本推断中一般应设置的置信水平 C，以反映小样本条件下对推断结果的信任程度，且试件数量较少和保证率较大时其推断结果过于保守，甚至出现推断结果为负的现象。

基于分析模型的推断方法利用承载力的分析模型，在推断中考虑了材料性能、几何尺寸等已知的概率特性，理论上可得到更优的推断结果。国际标准 ISO 2394：2015 和欧洲规范 EN 1990：2002 中均提出了这种方法，但具体方法完全不同。国际标准 ISO 2394：2015 中根据承载力设计值与各因素设计值之间的关系，通过对计算模式不确定性系数的试验测试和推断，间接推断承载力的设计值，其基本推断公式为：

$$R_{d} = \theta_{d} g(x_{d}, w) \qquad (3-23)$$

式中　　θ_{d}——计算模式不确定性系数的设计值，需根据试验结果推断；

$\quad g(\cdot)$——抗力计算公式；

$\quad\quad x_{d}$——抗力影响因素中随机变量的设计值，按设计规范确定；

w——确定性量的值。

该法应用简便，但所依据的设计值间的关系在概率上是很粗略的，难以保证推断结果的精度。欧洲规范 EN 1990：2002 中直接采用了承载力的概率分析模型，其推断公式为：

$$R_d = bg(\underset{\text{-}}{X}_m) \exp(-k_{d,n}\alpha_\delta Q_\delta - k_{d,\infty}\alpha_{rt}Q_{rt} - 0.5Q^2) \tag{3-24}$$

式中　　b——计算模式不确定性系数的均值；

$g(\underset{\text{-}}{X}_m)$——根据抗力影响因素均值 $\underset{\text{-}}{X}_m$ 按 $g(\cdot)$ 计算的抗力值；

Q_δ——计算模式不确定性系数的标准差；

Q_{rt}——按 $g(\cdot)$ 确定的抗力的标准差；

Q——抗力总体的标准差；

α_δ、α_{rt}——Q_δ^2、Q_{rt}^2 的权重系数；

$k_{d,n}$、$k_{d,\infty}$——抗力标准差未知、已知时的推断系数。

欧洲规范 EN 1990：2002 中的推断方法是根据承载力标准差完全已知、未知两种理想条件下的推断结果，通过人为的方差加权平均而建立的，本质上是一种经验方法。

总之，国际上尚未完全解决承载力的推断问题，而相对于构件性能检验的需要，它们还存在下列不足之处：仅为承载力和类似的抗裂能力的检验提供了推断方法，尚不能用于建立挠度、裂缝宽度的检验方法，挠度、裂缝宽度的概率特性涉及构件上的荷载，并不完全相同；以破坏性的试验为前提，不适宜推断小批量构件的性能；推断中对承载力设计值均规定了统一的保证率，我国对此并无统一规定，而实际上不同构件承载力的保证率还存在着较大差别。国外的相关研究成果尚不能为建立基于概率的预制构件性能检验方法提供完备、合理的基础。

3.3　混凝土预制构件性能检验方法的不足

检验系数法保持了与安全系数法基本一致的控制水平，大体也是合适的，但相对于设计方法的发展，它缺乏可靠的理论基础。检验系数法虽然按近似概率极限状态设计法调整了判定的形式，但并未采用现行设计方法所依据的结构可靠度理论和抽样推断所依据的统计学方法，其基本的判定方法与安全系数法相同：以承载力或抗裂能力试验结果与计算结果的比值作为基本的判定指标，以套改确定的允许值作为判定标准；以挠度或裂缝宽度的实测值作为基本的判定指标，以换算的允许值作为判定标准。这种判定方法主要建立于直观的经验基础之上，未全面反映构件性能不确定性和统计不确定性的影响，未反映设计规范或设计对构件性能的可靠度要求。

设计规范或设计对构件性能的要求，形式上为承载力、抗裂能力设计值的下限值和挠度、裂缝宽度的上限值，但按现行设计方法的可靠度控制方式，其实质是同批构件的承载力、抗裂能力、挠度和裂缝宽度相对于这些限值应具有的最低保证率，它们代表了对构件性能的可靠度要求，是构件性能检验中基本的判定标准。检验系数法仅考虑构件性能部分影响因素的安全裕量，虽然也隐含了对保证率的要求，但并非对构件整体性能保证率的要求，后者与材料强度、几何尺寸、计算模式、预应力等所有影响因素的不确定性以及设计方法的可靠度控制水平有关。这一缺陷导致检验系数法的可靠度控制水平难以与设计方法的可靠度控制水平保持一致，因此，相对于实际的可靠度要求，它有可能造成漏判或误判。

由上述内容可见，目前构件性能的检验方法主要源于国家标准 TJ 321—76，虽然实际调查结果验证了其合理性，但它缺乏统计学和结构可靠度理论的基础，存在下列不足之处：

（1）按现行近似概率极限状态设计方法的基本思想，设计规范对构件性能的可靠度要求主要表现在构件性能设计值的保证率上，它与结构构件的可靠度有着直接联系，目前的检验方法主要考虑的是材料实际强度高于设计强度的程度，未直接反映设计规范的可靠度要求；

（2）构件性能的变异性对检验结果有着直接影响，除材料强度的变异性外，它还决定于几何尺寸、计算模式的变异性，目前的检验方法主要考虑了材料强度的变异性，未全面反映构件性能变异性的影响，特别是计算模式不定性的影响；

（3）对应于设计规范的可靠度要求，检验中应依据试验结果采用统计学的方法推断构件性能在规定保证率下的设计值，并通过与规范要求或设计要求相比较，判定构件性能是否满足要求，从概率的角度对构件性能进行检验分析，目前的检验方法则直接利用试验结果定性地判定构件性能是否满足要求，未直接按设计规范的可靠度要求判定构件的性能。

4 抗力设计值的小样本推断方法

抗力设计值的推断方法是建立基于概率的预制构件性能检验方法的基础。区间估计法和贝叶斯估计法是国际标准 ISO 2394：2015 中根据试验结果推断抗力设计值的重要方法，但两者的推断结果并不一致，会导致设计人员在选用推断方法时产生疑虑。欧洲规范 EN 1990：2002 中仅选用了其中的贝叶斯估计法，但与一般的贝叶斯估计法不同，它未设置统计推断的置信水平，无法明确判定对推断结果的信任程度。同时，对于抗力服从正态分布的情况，两个标准均未提供变异系数已知条件下抗力设计值的推断方法，难以更好地满足实际推断的需要。

为解决这些问题，针对抗力服从正态分布和对数正态分布的情况，本章利用考虑置信水平的贝叶斯估计法提出新的推断抗力设计值的方法；同时，提出了变异系数已知时抗力设计值的推断方法，为建立基于概率的预制构件性能检验方法提供理论基础。

4.1 目前抗力设计值的推断方法

《工程结构可靠性设计统一标准》（GB 50153—2008）和《民用建筑可靠性鉴定标准》（GB 50292—2015）中均给出了结构构件材料强度标准值的确定方法，但对于抗力设计值的推断方法，标准中并未提到。《结构可靠度总原则》（ISO 2394：2015）中将结构试验引入具体的设计过程中，提出更具实证性的基于试验的设计方法，通过承载力试验和统计推断直接确定设计对象的抗力设计值。它的推断方法包括区间估计法、贝叶斯估计法和基于分析模型的推断方法。这些方法均适用于样本容量（试件数量）较小的场合，其中前两种方法相对简单，应用较广。《结构设计基础》（EN 1990：2002）中按不同形式提出相同的贝叶斯估计法，但取消了区间估计法，因为按两种方法所推断的结果并不一致，会导致设计人员在选择推断方法时产生疑虑。但与一般的贝叶斯估计法不同，两个标准所采用的贝叶斯估计法未设置统计推断的置信水平，无法明确判定对推断结果的信任程度。同时，ISO 2394：2015 中仅考虑了抗力服从正态分布的情况，并提出标准差已知条件下的区间估计法和贝叶斯估计法，但 EN 1990：2002 在同样的贝叶斯估计法中将其改为变异系数已知的条件，这是不准确的，它实际上仍指标准差已知的条件。

推断抗力设计值 R_d 的途径有两条：直接推断、通过标准值按 $R_d = \eta_d R_{k,est}/\gamma_m$ 间接推断，其中 $R_{k,est}$ 为抗力标准值的推断结果，γ_m 为材料分项系数，η_d 为考虑实际条件的转换系数的设计值。从统计学角度讲，对抗力 R 的标准值和设计值的推断均可归结为对 R 概率分布分位值 r_{1-p} 的推断，这里 $r_{1-p} = F_R^{-1}(1-p)$，$F_R^{-1}(\cdot)$ 为抗力 R 的概率分布函数的反函数，p 为抗力标准值或设计值的保证率。通常假定 R 服从对数正态分布，但对受力简单且由单一材料控制的构件，如钢筋混凝土轴心受拉构件，也可假定 R 服从正态分布。

4.1.1 区间估计法

ISO 2394：2015 中采用区间估计法推断抗力 R 的标准值，且仅考虑 R 服从正态分布 $N(\mu_R, \sigma_R^2)$ 的情况。这时：

$$r_{1-p} = \mu_R + \Phi^{-1}(1-p)\sigma_R = \mu_R - \Phi^{-1}(p)\sigma_R = \mu_R - k\sigma_R \tag{4-1}$$

式中，$\Phi^{-1}(\cdot)$ 为标准正态分布函数的反函数。设 $X_1, X_2, \cdots, X_n$ 为 R 的 n 个样本，则统计量 $\dfrac{\bar{X} - r_{1-p}}{S/\sqrt{n}}$ 服从自由度 $n-1$、非中心参数 $k\sqrt{n}$ 的非中心 t 分布，$\bar{X}$、S 分别为样本均值和标准差。利用区间估计法，可得分位值 r_{1-p} 的下限估计值：

$$r_{1-p} = m_R - \frac{t_{(n-1, k\sqrt{n}, C)}}{\sqrt{n}} s_R \tag{4-2}$$

$$m_R = \frac{1}{n}\sum_{i=1}^{n} x_i \tag{4-3}$$

$$s_R = \sqrt{\frac{1}{n-1}\sum_{i=1}^{n}(x_i - m_R)^2} \tag{4-4}$$

式中 $x_1, x_2, \cdots, x_n$ ——样本观测值；

C ——置信水平；

$t_{(n-1, k\sqrt{n}, C)}$ ——上述非中心 t 分布的 C 分位值。

标准差 σ_R 已知时，统计量 $\dfrac{\bar{X} - r_{1-p} - k\sigma_R}{\sigma_R/\sqrt{n}}$ 服从标准正态分布。这时分位值 r_{1-p} 的下限估计值为：

$$r_{1-p} = m_R - \left(k + \frac{n_C}{\sqrt{n}}\right)\sigma_R \tag{4-5}$$

式中 n_C——标准正态分布的 C 分位值。

国际标准 ISO 2394：2015 中将 σ_R 未知、已知时抗力标准值的推断公式分别表达为：

$$R_{k,est} = m_R - k_s s_R \tag{4-6}$$

$$R_{k,est} = m_R - k_\sigma s_R \tag{4-7}$$

式中，k_s、k_σ 分别为式(4-2)和式(4-5)中的对应项，但式(4-7)中将 σ_R 个恰当地写成了 s_R。ISO 2394：2015 中按 $C = 0.75$ 和 $p = 0.10$、0.05、0.01 提供了 k_s、k_σ 的数值表。

4.1.2 贝叶斯估计法

推断抗力 R 的设计值时 ISO 2394：2015 中采用了贝叶斯估计法，它同样仅考虑 R 服从正态分布时的情况。这时首先应将 R 的概率密度视为条件概率密度 $f(r|\mu_R, \sigma_R)$，且通常取未知参数 μ_R、σ_R 的先验分布为 Jeffreys 无信息先验分布，即

$$\pi(\mu_R, \sigma_R) \propto \frac{1}{\sigma_R} \tag{4-8}$$

式中，$\propto$ 表示"正比于"。这时的似然函数为

$$p(x_1, x_2, \cdots, x_n|\mu_R, \sigma_R) \propto \frac{1}{\sigma_R^n} e^{-\frac{1}{2}\frac{\sum_{i=1}^{n}(x_i-\mu_R)^2}{\sigma_R^2}} \propto \frac{1}{\sigma_R^n} e^{-\frac{1}{2}\frac{(n-1)s_R^2+n(\mu_R-m_R)^2}{\sigma_R^2}} \tag{4-9}$$

根据贝叶斯公式，μ_R、σ_R 的联合后验分布为

$$\pi(\mu_R, \sigma_R|x_1, x_2, \cdots, x_n) \propto \frac{1}{\sigma_R^{n+1}} e^{-\frac{1}{2}\frac{(n-1)s_R^2+n(\mu_R-m_R)^2}{\sigma_R^2}} \tag{4-10}$$

经推导，R 的概率密度为

$$f(r) \propto \int_{-\infty}^{\infty} \int_0^{\infty} f(r|\mu_R, \sigma_R)\pi(\mu_R, \sigma_R|x_1, x_2, \cdots, x_n)\mathrm{d}\sigma_R\mathrm{d}\mu_R \propto$$

$$\left[1 + \frac{1}{n-1}\left(\frac{r-m_R}{s_R\sqrt{1+\frac{1}{n}}}\right)^2\right]^{-\frac{(n-1)+1}{2}} \tag{4-11}$$

由统计学知识可知，$\dfrac{R-m_R}{s_R\sqrt{1+\dfrac{1}{n}}}$ 服从自由度 $n-1$ 的 t 分布。根据该分布，按分位值的定义可得：

$$r_{1-p} = m_R + t_{(n-1,1-p)}s_R\sqrt{1+\frac{1}{n}} = m_R - t_{(n-1,p)}s_R\sqrt{1+\frac{1}{n}} \tag{4-12}$$

式中，$t_{(n-1,p)}$、$t_{(n-1,1-p)}$ 分别为自由度 $n-1$ 的 t 分布的 p、$1-p$ 分位值。

标准差 σ_R 已知时，未知参数 μ_R 的 Jeffreys 无信息先验分布和后验分布分别为

$$\pi(\mu_R) \propto 1 \tag{4-13}$$

$$\pi(\mu_R \mid x_1,\ x_2,\ \cdots,\ x_n) \propto e^{-\frac{1}{2}\frac{n(\mu_R-m_R)^2}{\sigma_R^2}} \tag{4-14}$$

按同样的步骤可知，$\dfrac{R-m_R}{\sigma_R\sqrt{1+\dfrac{1}{n}}}$ 服从标准正态分布，则按分位值的定义可得：

$$r_{1-p} = m_R + n_{1-p}\sigma_R\sqrt{1+\frac{1}{n}} = m_R - n_p\sigma_R\sqrt{1+\frac{1}{n}} \tag{4-15}$$

式中，n_p、n_{1-p} 分别为标准正态分布的 p、$1-p$ 分位值。

考虑转换系数后，ISO 2394：2015 中将抗力设计值的推断公式统一表达为：

$$R_d = \eta_d\left(m_R - t_{vd}s_R\sqrt{1+\frac{1}{n}}\right) \tag{4-16}$$

式中，t_{vd} 为式（4-12）中 $t_{(n-1,p)}$、式（4-15）中 n_p 的对应项。国际标准 ISO 2394：2015 中按 $p=0.10$、0.05、0.01、0.005、0.001 提供了 σ_R 未知、已知时 t_{vd} 的数值表，但式（4-16）中在标准差已知时同样将 σ_R 不恰当地写成了 s_R。欧洲规范 EN 1990：2002 中采用完全相同的方法间接或直接地推断抗力设计值，但采用以变异系数表达的形式，其表达式分别为：

$$R_d = \frac{\eta_d}{\gamma_m}m_R(1-k_n V_R) \tag{4-17}$$

$$R_d = \eta_d m_R(1-k_{d,n} V_R) \tag{4-18}$$

式中，V_R 为抗力变异系数，未知时取 s_R/m_R，已知时取 σ_R/m_R；k_n、$k_{d,n}$ 分别为式（4-12）中 $t_{(n-1,p)}\sqrt{1+1/n}$ 和式（4-15）中 $n_p\sqrt{1+1/n}$ 的对应项。EN 1990：2002 中提供了 V_R 未知、已知时 k_n、$k_{d,n}$ 的数值表。EN 1990：2002 中并未在符号上区别变异系数未知、已知的情况。如果在变异系数已知时将式（4-17）和式（4-18）中的 V_R 另记为 δ_R，则 δ_R 已知应指 σ_R/μ_R 已知，而非 σ_R/m_R 已知。这里变异系数已知的条件是不准确的，它实际仍指 σ_R 已知的条件，这两种条件下的推断结果是不同的。

贝叶斯估计法一般用于推断未知参数 μ_R、σ_R 的值，主要步骤为：根据式（4-10）所示的 μ_R、σ_R 的联合后验分布，分别确定 μ_R、σ_R 的边缘分布；设置一定的置信水平 C 后，分别确定 μ_R、σ_R 的上限或下限估计值。ISO 2394：2015 和 EN 1990：2002 中的贝叶斯估计法则用于推断概率分布的分位值 r_{1-n}，它根据 μ_R、

σ_R 的联合后验分布，首先按式(4-11)确定抗力 R 的概率密度 $f(r)$，再据此按分位值的定义确定抗力 R 的标准值或设计值，并不涉及统计推断的置信水平 C，无法明确判定对推断结果的信任程度。

4.1.3 对比分析

这里以标准差 σ_R 未知时抗力设计值的间接推断为例，对比分析上述区间估计法和贝叶斯估计法的差别。在同条件下，它们的差别体现为式(4-6)和式(4-17)中 k_s、k_n 的差别。表4-1为 $C=0.75$ 和 $p=0.90$、0.95、0.99 时 k_n/k_s 的数值，可见：按两种方法推断的抗力设计值是有差异的，且样本容量较小，保证率较大时差异显著，这会导致设计人员在选择推断方法时产生疑虑；相对于区间估计法，贝叶斯估计法在样本容量较小、保证率较大时趋于保守，样本容量较大、保证率较小时趋于冒进。

表 4-1　k_n/k_s 的数值（$C=0.75$）

n	$p=0.90$	$p=0.95$	$p=0.99$
2	0.944	1.510	5.363
3	0.870	1.070	1.829
4	0.858	0.981	1.363
5	0.856	0.948	1.200
6	0.857	0.932	1.121
7	0.860	0.923	1.075
8	0.863	0.919	1.045
9	0.865	0.915	1.026
10	0.871	0.914	1.011
15	0.881	0.914	0.977
20	0.890	0.917	0.965
30	0.904	0.924	0.958
40	0.913	0.930	0.956
50	0.921	0.935	0.956
100	0.939	0.949	0.962

另一方面，假设抗力服从正态分布时的推断结果是偏于保守的，样本容量较小时甚至会出现抗力设计值为负值的现象。如当 $n=3$，$p=0.99$，$s_R/m_R \geqslant 0.125$（贝叶斯估计法）或 $s_R/m_R \geqslant 0.228$（区间估计法）时，推断的设计值将为负值，这在贝叶斯估计法中更易出现。EN 1990：2002 中考虑了抗力服从对数正态分布的情况，可避免这种现象，但其贝叶斯估计法本身是有缺陷的。

4.2　考虑置信水平的贝叶斯估计法

针对两个标准中抗力设计值推断方法存在的缺陷，本节利用考虑置信水平的贝叶斯估计法，提出新的抗力设计值的推断方法。该方法直接以未知参数的联合后验分布为依据，与推断依据有着更直接的联系，其推断公式和结果与区间估计法的完全一致，可消除设计人员选择推断方法时的疑虑。

首先考虑抗力 R 服从正态分布时的情况。根据未知参数 μ_R、σ_R 的联合后验分布，实际上可直接确定分位值 r_{1-p} 的概率密度。对式（2-10）作变量代换，经推导可得：

$$\pi(r_{1-p},\ \sigma_R|x_1,\ x_2,\ \cdots,\ x_n) \propto \frac{1}{\sigma_R^{n+1}} e^{-\frac{1}{2}\frac{(n-1)s_R^2+n(m_R-r_{1-p}-k\sigma_R)^2}{\sigma_R^2}} \tag{4-19}$$

$$\pi(r_{1-p}|x_1,\ x_2,\ \cdots,\ x_n) \propto \int_0^\infty \pi(r_{1-p},\ \sigma_R|x_1,\ x_2,\ \cdots,\ x_n)\,\mathrm{d}\sigma_R$$

$$\propto \frac{1}{\left[(n-1)+\left(\dfrac{m_R-r_{1-p}}{s/\sqrt{n}}\right)^2\right]^{\frac{(n-1)+1}{2}}} \sum_{m=0}^\infty \frac{(k\sqrt{n})^m}{m!}$$

$$\Gamma\left(\frac{(n-1)+m+1}{2}\right)\left[\frac{\sqrt{2}\,\dfrac{m_R-r_{1-p}}{s/\sqrt{n}}}{\sqrt{(n-1)+\left(\dfrac{m_R-r_{1-p}}{s/\sqrt{n}}\right)^2}}\right]^m \tag{4-20}$$

由统计学知识可知，$\dfrac{m_R-r_{1-p}}{s/\sqrt{n}}$ 服从自由度 $n-1$、非中心参数 $k\sqrt{n}$ 的非中心 t 分布。取置信水平为 C，则分位值 r_{1-p} 的下限估计值为：

$$r_{1-p}=m_R-\frac{t_{(n-1,k\sqrt{n},C)}}{\sqrt{n}}s_R=m_R-k_s s_R \tag{4-21}$$

当抗力 R 服从对数正态分布 $\mathrm{LN}(\mu_{\ln R},\ \sigma_{\ln R}^2)$ 时，$\ln R$ 服从正态分布 $\mathrm{N}(\mu_{\ln R},\ \sigma_{\ln R}^2)$，且有：

$$\mu_{\ln R}=\ln\frac{\mu_R}{\sqrt{1+\delta_R^2}} \tag{4-22}$$

$$\sigma_{\ln R}=\sqrt{\ln(1+\delta_R^2)} \tag{4-23}$$

$$\delta_R=\frac{\sigma_R}{\mu_R} \tag{4-24}$$

利用式(4-21)所示的正态分布时的贝叶斯估计法，可得：

$$r_{1-p} = \exp\left\{ m_{\ln R} - \frac{t_{(n-1,-k\sqrt{n},C)}}{\sqrt{n}} s_{\ln R} \right\} = \exp\left\{ m_{\ln R} - k_s s_{\ln R} \right\} \tag{4-25}$$

其中

$$m_{\ln R} = \frac{1}{n} \sum_{i=1}^{n} \ln x_i \tag{4-26}$$

$$s_{\ln R} = \sqrt{\frac{1}{n-1} \sum_{i=1}^{n} (\ln x_i - m_{\ln R})^2} \tag{4-27}$$

按这里的贝叶斯估计法所建立的式(4-21)与区间估计法的推断公式［即式(4-2)］完全相同，而式(4-25)也可按区间估计法建立。这意味着在推断抗力设计值时不必区分区间估计法和贝叶斯估计法，从而可消除设计人员选择推断方法时的疑虑。

由贝叶斯估计法的建立过程可见：ISO 2394：2015 和 EN 1990：2002 中推断抗力分位值 r_{1-p} 的方法是根据抗力概率密度 $f(r)$ 的分位值建立的，而 $f(r)$ 实际是以未知参数 μ_R，σ_R 的联合后验分布为权函数对条件概率密度 $f(r|\mu_R, \sigma_R)$ 加权平均的结果，与推断依据(未知参数 μ_R，σ_R 的联合后验分布)的联系是间接的，且未设置置信水平；文中的方法则直接以未知参数 μ_R，σ_R 的联合后验分布为依据，与推断依据有着更直接的联系，且设置有明确的置信水平，理论上应更合理。

4.3 变异系数已知时的推断方法

当样本容量过小时，按变异系数 δ_R 未知时的推断结果会过于保守。而构件性能检验时，样本容量较少，只有 1~3 个，因此宜在抗力变异系数 δ_R 已知的条件下推断其设计值 r_d。设构件抗力 R 服从对数正态分布 $LN(\mu_{\ln R}, \sigma_{\ln R}^2)$，且抗力的方差 $\sigma_{\ln R}^2$ 或其变异系数 δ_R 已知。这时 $Y=\ln R$ 服从正态分布 $N(\mu_{\ln R}, \sigma_{\ln R}^2)$。根据贝叶斯估计方法的原理可知，应先确定 $\mu_{\ln R}$ 的先验分布。目前普遍接受的先验分布是无信息先验分布，其因不利用任何先验信息而具有很大的优越性。常用的无信息先验分布是 Jeffreys 先验分布，取 $\mu_{\ln R}$ 的 Jeffreys 先验分布为

$$\pi_{\mu_{\ln R}}(u) = 1 \tag{4-28}$$

利用 Y 的样本观测值 y_1，y_2，…，y_n 建立的似然函数为

$$p_{Y_1, \cdots, Y_n | \mu_{\ln R}}(y_1, \cdots, y_n | u) = \prod_{i=1}^{n} \frac{1}{\sqrt{2\pi}\sigma_{\ln R}} e^{-\frac{1}{2}\left(\frac{y_i-u}{\sigma_{\ln R}}\right)^2} = \left(\frac{1}{\sqrt{2\pi}\sigma_{\ln R}}\right)^n e^{-\frac{1}{2}\frac{(n-1)s_y^2+n(u-\bar{y})^2}{\sigma_{\ln R}^2}}$$

$$\tag{4-29}$$

式中

$$\bar{y} = m_{\ln r} = \frac{1}{n} \sum_{i=1}^{n} \ln r_i \qquad (4-30)$$

$$s_y^2 = s_{\ln r}^2 = \frac{1}{n-1} \sum_{i=1}^{n} (\ln r_i - m_{\ln r})^2 \qquad (4-31)$$

根据贝叶斯公式可知，$\mu_{\ln R}$ 的后验分布为

$$p_{\mu_{\ln R} \mid Y_1, \cdots, Y_n}(u \mid y_1, \cdots, y_n) = \frac{\left(\dfrac{1}{\sqrt{2\pi}\,\sigma_{\ln R}}\right)^n e^{-\frac{1}{2}\frac{(n-1)s_y^2 + n(u-\bar{y})^2}{\sigma_{\ln R}^2}}}{\displaystyle\int_0^\infty \left(\dfrac{1}{\sqrt{2\pi}\,\sigma_{\ln R}}\right)^n e^{-\frac{1}{2}\frac{(n-1)s_y^2 + n(u-\bar{y})^2}{\sigma_{\ln R}^2}}\,\mathrm{d}u}$$

$$= \frac{1}{\sqrt{2\pi}\,\sigma_{\ln R}/\sqrt{n}}e^{-\frac{1}{2}\left(\frac{u-\bar{y}}{\sigma_{\ln R}/\sqrt{n}}\right)^2} \qquad (4-32)$$

故 $\dfrac{\mu_{\ln R} - \bar{y}}{\sigma_{\ln R}/\sqrt{n}}$ 服从标准正态分布。

假定构件抗力 R 服从对数正态分布 $\mathrm{LN}(\mu_{\ln R}, \sigma_{\ln R}^2)$，则 $Y = \ln R$ 服从正态分布 $\mathrm{N}(\mu_{\ln R}, \sigma_{\ln R}^2)$，令

$$P\{\ln R \geqslant \ln R_\mathrm{d}\} = P\left\{\frac{\ln R - \mu_{\ln R}}{\sigma_{\ln R}} \geqslant \frac{\ln R_\mathrm{d} - \mu_{\ln R}}{\sigma_{\ln R}}\right\} = p \qquad (4-33)$$

因此 r_{1-p} 可表示为

$$r_{1-p} = \exp\{\mu_{\ln R} - \Phi^{-1}(p)\sigma_{\ln R}\} = \exp\{\mu_{\ln R} - k\sigma_{\ln R}\} = \exp\{\mu_{\ln R} - k\sqrt{\ln(1+\delta_R^2)}\}$$

$$(4-34)$$

其中

$$k = \Phi^{-1}(p) = z_{1-p} \qquad (4-35)$$

式中　　p——抗力分位值 r_{1-p} 的保证率；

$\Phi^{-1}(\cdot)$——标准正态分布函数的反函数；

z_{1-p}——标准正态分布的上侧 $1-p$ 分位值，根据抗力分位值 r_{1-p} 的保证率 p 确定。

在置信水平 C 下，其分位值 r_{1-p} 的估计值为

$$r_{1-p} = \exp\left\{\bar{y} - \left(\frac{z_C}{\sqrt{n}} + k\right)\sqrt{\ln(1+\delta_R^2)}\right\} \qquad (4-36)$$

式中　z_C——标准正态分布的下侧 C 分位值，C 为置信水平，根据《民用建筑可靠性鉴定标准》（GB 50292—2015）的建议，对于不同的材料，应采用不同的置信度 C，对于钢材，取 $C = 0.90$，对于混凝土，取 $C =$

0.75，对于砌体，取 $C = 0.60$；

δ_R——抗力的变异系数。

对于抗力 R 服从正态分布时的情况，当抗力变异系数 δ_R 已知时，按类似的方法可得：

$$r_{1-p} = \frac{1 - k\delta_R}{1 + n_C \delta_R / \sqrt{n}} m_R \qquad (4-37)$$

显然，式(4-37)与标准差 σ_R 已知时的推断公式是不同的。

按 δ_R 已知的条件可得到较 δ_R 未知时更优的推断结果，即数值更大的抗力设计值，特别是在样本容量较小、保证率较大的场合。表4-2以正态分布时的情况为例，列举了 $\delta_R = s_R / m_R = 0.15$ 时 δ_R 在已知、未知条件下推断结果的比值。因此，δ_R 未知时，也可选取一个偏大的 δ_R 值，按 δ_R 已知时的方法推断抗力设计值。

表4-2　δ_R 已知、未知时推断结果的比值

n	p		
	0.9	0.95	0.99
3	1.22	1.35	1.81
4	1.13	1.20	1.40
5	1.10	1.14	1.28
6	1.08	1.11	1.22
7	1.06	1.10	1.18
8	1.06	1.08	1.16
9	1.05	1.07	1.14
10	1.04	1.07	1.12
20	1.02	1.04	1.07
30	1.02	1.03	1.05
40	1.02	1.02	1.04
50	1.01	1.02	1.04
100	1.01	1.01	1.02

因此，无论变异系数 δ_R 未知还是已知，文中贝叶斯估计法与区间估计法的推断公式都是完全相同的，推断抗力设计值时不必区分区间估计法和贝叶斯估计法，消除了设计人员选择推断方法时的疑虑，且提出了变异系数已知时抗力设计值的推断方法，可更好地满足实际推断的需要。

5 受弯构件承载力检验方法

本章将以钢筋混凝土受弯构件为分析对象，提出完整的基于概率的预制混凝土受弯构件承载力检验方法，钢筋混凝土受弯构件的承载力包括正截面承载力和斜截面承载力两部分，本文只考虑钢筋混凝土受弯构件的正截面承载力。由于构件受弯承载力的检验标准与构件的破坏类型有关，因此有必要按不同破坏模式确定构件承载力检验方法，即确定不同破坏模式下的检验系数允许值。文中首先讨论构件各种破坏模式下截面相对受压区高度的变化情况；其次，根据截面相对受压区高度的典型数值和其他变量(包括几何参数、材料性能和计算模式)的数值确定承载力的变异系数及保证率；最后，在所建立的构件承载力检验基本表达式的基础上，确定受弯构件承载力检验系数允许值，建立完整的基于概率的预制混凝土受弯构件承载力检验方法。

5.1 破坏模式的判定指标

受弯构件达到正截面承载力极限状态的检验标志时，其破坏模式可大致分为四种：受拉主筋拉断、挠度达到跨度的 1/50 或受拉主筋处的最大裂缝宽度达到 1.5mm 以及受压区混凝土被压碎。构件实际检验时，各破坏模式是可观察和测量的，无需判定，而在分析中，各破坏模式无法观察和测量，因此需要选择一个对各个破坏模式进行统一考量的判定指标，且它应该是便于分析的。

根据平截面假定，梁发生正截面破坏时不同受压区高度的应变变化情况与混凝土和钢筋的应变均有关，对于确定的混凝土强度等级，其正截面极限压应变为常数，即梁破坏时的相对受压区高度越小，则钢筋的拉应变越大；相对受压区高度越大，则钢筋的拉应变越小。在此基础上，《混凝土结构设计规范》(GB 50010—2010) 中用界限相对受压区高度 ξ 的大小判别受弯构件正截面的破坏类型：①若 $\xi > \xi_b$，则梁发生破坏时 $\varepsilon_c = \varepsilon_{cu}$，但 $\varepsilon_s < \varepsilon_y$，即梁发生的破坏为超筋破坏；②若 $\xi < \xi_b$，并且梁发生破坏时 $\varepsilon_c = \varepsilon_{cu}$，同时 $\varepsilon_s > \varepsilon_y$，则可以判别为适筋破坏；③若 $\xi = \xi_b$，则梁发生破坏时 $\varepsilon_c = \varepsilon_{cu}$，同时 $\varepsilon_s = \varepsilon_y$，表明梁发生界限破坏。方便起见，本文也根据相对受压区高度 ξ 的大小区分不同的破坏模式。需要说明的是：这里的相对受压区高度 ξ 被认为是广义的概念，即它不只是适筋与超筋的界限，同时包括受拉钢筋拉断、挠度达到跨度的 1/50 或最大裂缝宽度达到 1.5mm 以及受压区混凝土被压碎这四种破坏模式的界限，分别用 ξ_1、ξ_2、ξ_3 和 ξ_4 表示。

5.1.1 受拉钢筋拉断时的相对受压区高度 ξ_1

受拉钢筋拉断的破坏模式对应于混凝土达到极限压应变 ε_{cu} 和钢筋达到最大力下应变 ε_{gt} 的情况，即在受拉钢筋拉断的同时，混凝土受压边缘纤维也达到其极限压应变 ε_{cu}，截面破坏。对于配置有屈服点的普通钢筋的钢筋混凝土构件，如图 5-1(a) 所示，设钢筋拉断时的应变为 ε_{gt}，界限破坏时中和轴高度为 x_{c1}，则有

$$\frac{x_{c1}}{h_0} = \frac{\varepsilon_{cu}}{\varepsilon_{cu} + \varepsilon_{gt}} \tag{5-1}$$

又

$$x_1 = \beta_1 \cdot x_{c1} \tag{5-2}$$

将式(5-2)代入式(5-1)，得

$$\frac{x_1}{\beta_1 h_0} = \frac{\varepsilon_{cu}}{\varepsilon_{cu} + \varepsilon_{gt}} \tag{5-3}$$

设 $\xi_1 = \dfrac{x_1}{h_0}$，称为界限相对受压区高度，则

$$\xi_1 = \frac{\beta_1 \varepsilon_{cu}}{\varepsilon_{cu} + \varepsilon_{gt}} \tag{5-4}$$

对于预应力混凝土构件，如图 5-1(b) 所示，设钢筋拉断时的应变为 ε_{gt}，界限破坏时中和轴高度为 x_{c1}，则有

$$\frac{x_{c1}}{h_0} = \frac{\varepsilon_{cu}}{\varepsilon_{cu} + \varepsilon_{gt} - \dfrac{\sigma_{p0}}{E_p}} \tag{5-5}$$

将式(5-2)代入式(5-5)，得

$$\frac{x_1}{\beta_1 h_0} = \frac{\varepsilon_{cu}}{\varepsilon_{cu} + \varepsilon_{gt} - \dfrac{\sigma_{p0}}{E_p}} \tag{5-6}$$

则

$$\xi_1 = \frac{\beta_1 \varepsilon_{cu}}{\varepsilon_{cu} + \varepsilon_{gt} - \dfrac{\sigma_{p0}}{E_p}} \tag{5-7}$$

式中　x_1——界限受压区高度；

　　　β_1——矩形应力图受压区高度与中和轴高度的比值；

　　　h_0——截面有效高度；

　　　$f_{cu,k}$——混凝土立方体抗压强度标准值；

　　　E_p——预应力钢筋弹性模量；

　　　ε_{cu}——正截面的混凝土极限压应变值，当处于非均匀受压时，按式 $\varepsilon_{cu} = 0.0033 - (f_{cu,k} - 50) \times 10^{-5} \leqslant 0.0033$ 计算，若计算的 ε_{cu} 值大于 0.0033 取 0.0033，混凝土强度等级不大于 C50 时，$\varepsilon_{cu} = 0.0033$。

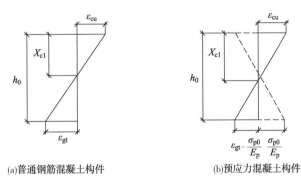

(a)普通钢筋混凝土构件　　　　　　(b)预应力混凝土构件

图 5-1　界限受压区高度

最大力下应变 ε_{gt} 可取为最大力下钢筋的总伸长率 δ_{gt}。根据《混凝土结构设计规范》（GB 50010—2010），普通钢筋及预应力筋在最大力下的总伸长率 δ_{gt} 不应小于表 5-1 规定的数值。这时有 $\varepsilon_{gt} = 0.10$（HPB300）、$\varepsilon_{gt} = 0.075$（HRB300 ~ HRBF500）、$\varepsilon_{gt} = 0.05$（RRB400）、$\varepsilon_{gt} = 0.035$（预应力钢筋）。在本文计算过程中，对普通钢筋混凝土构件，考虑 HRB400、HRB500、HRBF400、HRBF500 普通钢筋和 C20~C40 混凝土强度，因此 $\xi_1 = 0.034$。

表 5-1　普通钢筋及预应力筋在最大力下的总伸长率限值

钢筋品种	普通钢筋			预应力筋
	HPB300	HRB335、HRBF335、HRB400、HRBF400、HRB500、HRBF500	RRB400	
$\delta_{gt}/\%$	10.0	7.5	5.0	3.5

对预应力钢筋混凝土结构，考虑中强度预应力钢丝、消除应力钢丝、钢绞线、预应力螺纹钢筋和 C40~C60 混凝土。σ_{p0} 为受拉区预应力合力点处混凝土法向应力等于零时的预应力筋应力，它一般低于预应力筋的条件屈服点，产生的应变可取为 σ_{p0}/E_p。这里取预应力筋的张拉控制应力为规范规定的上限，预应力损

失为 20%~30%。这时，对于中强度预应力钢丝，有

$$\sigma_{p0} = 0.7 \times (0.7 \sim 0.8) f_{ptk} \qquad (5-8)$$

对于消除应力钢丝和钢绞线，有

$$\sigma_{p0} = 0.75 \times (0.7 \sim 0.8) f_{ptk} \qquad (5-9)$$

对于预应力螺纹钢筋，有

$$\sigma_{p0} = 0.85 \times (0.7 \sim 0.8) f_{pyk} \qquad (5-10)$$

式中 f_{ptk}——预应力钢筋极限强度标准值；

f_{pyk}——预应力钢筋屈服强度标准值。

由此确定的预应力混凝土构件的界限相对受压区高度见表 5-2。

表 5-2   预应力钢筋混凝土构件的界限相对受压区高度 ξ_1

受拉主筋	$f_{ptk}/f_{pyk}/(\text{N/mm}^2)$	弹性模量 $E_p/(\text{N/mm}^2)$	控制系数	损失系数	ξ_1
中强度预应力钢丝	800	205000	0.70	0.2~0.3	0.069~0.073
	970				0.070~0.074
	1270				0.071~0.076
消除应力钢丝	1470	205000	0.75	0.2~0.3	0.072~0.078
	1570				0.073~0.078
	1860				0.075~0.080
钢绞线	1570	195000	0.75	0.2~0.3	0.073~0.079
	1720				0.074~0.080
	1860				0.075~0.081
	1960				0.076~0.082
预应力螺纹钢筋	785	200000	0.85	0.2~0.3	0.070~0.074
	930				0.070~0.075
	1080				0.071~0.076

5.1.2   挠度达到跨度 1/50 时的相对受压区高度 ξ_2

挠度达到跨度 1/50 的破坏模式对应于混凝土达到极限压应变 ε_{cu}、挠度达到跨度 1/50，且受拉主筋应变 $\varepsilon_s \leqslant \varepsilon_{gt}$ 的情况，这时构件跨中已形成塑性铰，且变形主要集中于塑性铰处。由于施工预先起拱和预应力作用产生的反向挠度远小于 $l_0/50$，可不考虑其影响。为简化问题，可将构件的变形过程划分为两个理想的阶段：第一阶段为构件跨度范围内各截面曲率相同的变形过程；第二阶段为塑性铰范围内各截面曲率相同的变形过程，并忽略其他范围的变形。一般要求钢筋混凝土构件在荷载准永久组合下、预应力混凝土构件在荷载标准组合下，并考虑荷载

长期作用影响的最大挠度不大于 $l_0/600 \sim l_0/200$。在荷载基本组合下，构件接近破坏，受拉主筋屈服或接近屈服。根据荷载基本组合和准永久组合、标准组合之间的关系，可认为受拉主筋屈服时构件的挠度大致为 $l_0/450 \sim l_0/135$，这里取为 $l_0/200$，即以挠度达到 $l_0/200$ 作为区分两个变形阶段的标准，考虑第一阶段只是为了适度反映塑性铰形成前构件的变形，它们相对较小，阶段划分标准的精度对塑性铰形成后的挠度不会产生明显的影响。

对于钢筋混凝土构件，当挠度达到跨度 l_0 的 $1/200$ 时，各截面中和轴处的曲率半径 r_1 满足

$$r_1^2 = \left(\frac{l_0}{2}\right)^2 + \left(r_1 - \frac{l_0}{200}\right)^2 \tag{5-11}$$

$$r_1 = 25l_0 \tag{5-12}$$

对任意截面有

$$\frac{r_1 + h_0\dfrac{\varepsilon_{s1}}{\varepsilon_{s1} + \varepsilon_{c1}}}{r_1} = \frac{1 + \varepsilon_{s1}}{1} \tag{5-13}$$

$$r_1 = \frac{h_0}{\varepsilon_{s1} + \varepsilon_{c1}} \tag{5-14}$$

式中　ε_{s1}、ε_{c1}——挠度达到 $l_0/200$ 时受拉主筋的拉应变和受压区混凝土边缘纤维的压应变。

故

$$\frac{h_0}{\varepsilon_{c1} + \varepsilon_{s1}} = 25l_0 \tag{5-15}$$

当挠度达到跨度 l_0 的 $1/50$ 时，塑性铰范围内各截面增加的相对转角近似为 $(1/25 \sim 1/100)$，即 $3/100$，这时对整个塑性铰有

$$\frac{[(\varepsilon_c - \varepsilon_{c1}) + (\varepsilon_s - \varepsilon_{s1})]l_n/2}{h_0} = \frac{3}{100} \tag{5-16}$$

即

$$\varepsilon_s = \frac{3h_0}{50l_n} + \varepsilon_{c1} + \varepsilon_{s1} - \varepsilon_c = \frac{3h_0}{50l_n} + \frac{h_0}{25l_0} - \varepsilon_c \tag{5-17}$$

式中　ε_s、ε_c——塑性铰范围内受拉主筋的拉应变和受压区混凝土边缘纤维的压应变；

　　　　l_n——塑性铰区的长度。

在式(5-17)中，令 $\varepsilon_c = \varepsilon_{cu}$，则有

$$\varepsilon_s = \frac{3h_0}{50l_n} + \frac{h_0}{25l_0} - \varepsilon_{cu} \tag{5-18}$$

$$\xi_2 = \frac{\beta_1 \varepsilon_{cu}}{\varepsilon_s + \varepsilon_{cu}} = \frac{\beta_1 \varepsilon_{cu}}{\dfrac{3h_0}{50l_n} + \dfrac{h_0}{25l_0}} \tag{5-19}$$

对于预应力混凝土构件，可近似采用同样的假定和分析步骤，以 $\varepsilon_s - \sigma_{p0}/E_s$、$\varepsilon_{s1} - \sigma_{p0}/E_s$ 替代上述计算中的 ε_s、ε_{s1}，替代后，令 $\varepsilon_c = \varepsilon_{cu}$，则有

$$\varepsilon_s = \frac{3h_0}{50l_n} + \frac{h_0}{25l_0} - \varepsilon_{cu} + \frac{\sigma_{p0}}{E_s} \tag{5-20}$$

$$\xi_2 = \frac{\beta_1 \varepsilon_{cu}}{\varepsilon_{cu} + \varepsilon_s - \dfrac{\sigma_{p0}}{E_s}} = \frac{\beta_1 \varepsilon_{cu}}{\dfrac{3h_0}{50l_n} + \dfrac{h_0}{25l_0}} \tag{5-21}$$

按式(5-18)和式(5-20)确定的 ε_s 均应满足 $\varepsilon_s \leqslant \varepsilon_{gt}$。

一般情况，可取 $l_0/h_0 = 8 \sim 16$。文献[99,100]针对受弯构件的塑性铰区长度 l_n，对国内外的 9 种经验公式进行了对比，根据其分析结果，这里取 $l_n = (0.4 \sim 1.2)h_0$。按此计算的 ε_s 均不满足 $\varepsilon_s \leqslant \varepsilon_{gt}$，见表5-9。

5.1.3　最大裂缝宽度达到1.5mm时的相对受压区高度 ξ_3

受拉主筋处的最大裂缝宽度达到1.5mm的破坏模式对应于受压区混凝土达到极限压应变 ε_{cu} 和受拉区裂缝宽度达到1.5mm，且受拉主筋应变 $\varepsilon_s \leqslant \varepsilon_{gt}$ 的情况。裂缝宽度的计算公式为

$$w_{max} = \alpha_{cr} \psi \frac{\sigma_s}{E_s} \left(1.9c_s + 0.08\frac{d_{eq}}{\rho_{te}}\right) \tag{5-22}$$

$$\psi = 1.1 - 0.65 \frac{f_{tk}}{\rho_{te}\sigma_s} \tag{5-23}$$

式中各符号的意义见《混凝土结构设计规范》(GB 50010—2010)，且 $0.2 \leqslant \psi \leqslant 1.0$。裂缝宽度达到1.5mm时，受拉钢筋实际上已经屈服，此时钢筋的应变主要集中于混凝土裂缝附近。为简化问题，这里将构件的开裂过程也划分为两个阶段：第一阶段为受拉主筋屈服前的开裂过程，最大裂缝宽度按式(5-22)计算；第二阶段为受拉主筋屈服后的开裂过程，可假定新增裂缝宽度完全源于主裂缝处受拉主筋的塑性变形，它与钢筋塑性变形的区域长度有关，对于钢筋屈服后的应变，假定为混凝土开裂处左右各 $0.6d_{eq}$ 范围内的塑性变形。为了说明上述假设的合理性，本文采用钢筋的单向拉伸试验进行验证。以工程中常用的三级钢为试验对象，分别选取直径为 12mm、14mm、16mm、18mm、20mm 的钢筋(图5-2)，按直径分组，每组三根，使用打点机标记试样标距(图5-3)，标距取10mm，试验在材料力学性能实验室 DNS300 电子万能试验机上按《金属材料　室温拉伸试

验方法》(GB/T 228.1—2010)规定的方法进行(图5-4)。由图5-5中的试验结果可以看出钢筋试样的颈缩现象较为明显,其试验数值如表5-3所示。结果表明:对于钢筋屈服后的应变,取混凝土开裂处左右各$0.6d_{eq}$范围内的塑性变形是合理的,即可取钢筋塑性变形的区域长度为$1.2d_{eq}$,d_{eq}为钢筋直径。

图5-2 试验钢筋

图5-3 钢筋打点机

图5-4 DNS电子万能试验机

图5-5 试验结果

表5-3 钢筋试样试验结果

直径/mm	编号	颈缩区域原始长度/直径	平均值	直径/mm	编号	颈缩区域原始长度/直径	平均值
12	1	1.298	1.29	18	1	1.223	1.231
	2	1.330			2	1.241	
	3	1.230			3	1.230	
14	1	1.262	1.28	20	1	1.221	1.229
	2	1.295			2	1.230	
	3	1.295			3	1.236	
16	1	1.211	1.22				
	2	1.243					
	3	1.211					

基于上述内容，在构件受弯承载力概率特性的分析中，宜按各变量的平均值确定 ξ_3。令 $w_{max}=1.5\text{mm}$，则近似有

$$1.5=\alpha_{cr}\psi\frac{\mu_{f_y}}{E_s}\left(1.9c_s+0.08\frac{d_{eq}}{\rho_{te}}\right)+1.2d_{eq}(\varepsilon_s-\varepsilon_{sy}) \tag{5-24}$$

$$\psi=1.1-0.65\frac{\mu_{f_t}}{\rho_{te}\mu_{f_y}} \tag{5-25}$$

$$\varepsilon_{sy}=\frac{\mu_{f_y}}{E_s} \tag{5-26}$$

$$\mu_{f_y}=\frac{f_{yk}}{1-1.645\delta_{f_y}} \tag{5-27}$$

$$\mu_{f_t}=\frac{f_{tk}}{1-1.645\delta_{f_t}} \tag{5-28}$$

式中　ε_{sy}——钢筋屈服时的平均应变；

　　δ_{f_y}、δ_{f_t}——钢筋屈服强度、混凝土抗拉强度的变异系数。

这时

$$\varepsilon_s=\frac{1}{1.2d_{eq}}\left[1.5-\alpha_{cr}\psi\frac{\mu_{f_y}}{E_s}\left(1.9c_s+0.08\frac{d_{eq}}{\rho_{te}}\right)\right]+\varepsilon_{sy} \tag{5-29}$$

界限相对受压区高度为

$$\xi_3=\frac{\beta_1\varepsilon_{cu}}{\varepsilon_{cu}+\varepsilon_s} \tag{5-30}$$

取 $\alpha_{cr}=1.9$，$c_s=20\sim50\text{mm}$，$d_{eq}=18\sim28\text{mm}$，$\rho_{te}=0.020\sim0.060$，$\delta_s=0.06$，$f_{tk}=1.54\sim2.39\text{N/mm}^2$（C20～C40，详见5.3.1节说明），$\delta_{f_t}$ 取值见表5-4。

表5-4　混凝土抗拉强度变异系数 δ_{f_t} 取值表

f_{tk}	C20	C25	C30	C35	C40	C45	C50	C55	C60～C80
δ_{f_t}	0.18	0.16	0.14	0.13	0.12	0.12	0.11	0.11	0.10

将各数值代入式(5-30)，计算得普通钢筋混凝土构件的界限相对受压区高度，其结果见表5-5。

表5-5　普通钢筋混凝土构件的界限相对受压区高度 ξ_3

受拉主筋	强度/ （N/mm²）	E_s/ （N/mm²）	屈服 应变	f_{tk}/ （N/mm²）	ρ_{te}	c_s/ mm	d_{eq}/ mm	ξ_3
HRB400	400	200000	0.00222	1.54	0.02	50	28	0.103
HRBF400	400	200000	0.00222	2.39	0.06	20	18	0.042

受拉主筋	强度/ (N/mm²)	E_s/ (N/mm²)	屈服 应变	f_{tk}/ (N/mm²)	ρ_{te}	c_s/ mm	d_{eq}/ mm	ξ_3
HRB500	500	200000	0.00277	1.54	0.02	50	28	0.138
HRBF500	500	200000	0.00277	2.39	0.06	20	18	0.044

对于预应力混凝土构件，虽然预应力筋在变形过程中没有明显的屈服台阶，但应力超过其条件屈服强度后，仍会发生一定的塑性变形，且主要集中于主裂缝附近。这里仍近似采用上述的假定和分析步骤。当 $w_{max}=1.5mm$，有

$$\varepsilon_s = \frac{1}{1.2d_{eq}}\left[1.5-\alpha_{cr}\psi\frac{\mu_{f_{py}}-\sigma_{p0}}{E_p}\left(1.9c_s+0.08\frac{d_{eq}}{\rho_{te}}\right)\right]+\varepsilon_{py} \tag{5-31}$$

$$\psi = 1.1-0.65\frac{\mu_{f_t}}{\rho_{te}(\mu_{f_{py}}-\sigma_{p0})} \tag{5-32}$$

$$\varepsilon_{py} = 0.002+\frac{\mu_{f_{py}}}{E_p} \tag{5-33}$$

这时界限相对受压区高度为

$$\xi_3 = \frac{\beta_1\varepsilon_{cu}}{\varepsilon_{cu}+\varepsilon_s-\dfrac{\sigma_{p0}}{E_s}} \tag{5-34}$$

取 $\alpha_{cr}=1.5$，$c_s=20\sim50mm$，d_{eq} 按预应力筋各自的公称直径取值(对于预应力螺纹钢筋，根据《预应力混凝土用螺纹钢筋》规范，推荐的钢筋公称直径为 25mm、32mm)，$\rho_{te}=0.010\sim0.040$，$\delta_s=0.06$，$f_{tk}=2.39\sim2.85N/mm^2$(C40~C60，详见 5.3.1 节说明)，$\delta_{f_t}$ 根据表 5-4 取值。将预应力钢筋混凝土构件的计算结果列于表 5-6。

表 5-6 预应力钢筋混凝土构件的界限相对受压区高度 ξ_3

受拉 主筋	f_{py}/ (N/mm²)	f_{ptk}/f_{pyk}/ (N/mm²)	E_p/ (N/mm²)	控制 系数	损失 系数	f_{tk}/ (N/mm²)	ρ_{te}	c_s/ mm	d_{eq}/ mm	ξ_3
中强度预应力钢丝	510	800	205000	0.7	0.2~0.3	2.39	0.01	50	9	$(\varepsilon_s>\varepsilon_{gt})$
	510	800	205000	0.7	0.2~0.3	2.85	0.04	20	5	$(\varepsilon_s>\varepsilon_{gt})$
	650	970	205000	0.7	0.2~0.3	2.39	0.01	50	9	$(\varepsilon_s>\varepsilon_{gt})$
	650	970	205000	0.7	0.2~0.3	2.85	0.01	20	5	$(\varepsilon_s>\varepsilon_{gt})$
	810	1270	205000	0.7	0.2~0.3	2.39	0.01	50	9	$(\varepsilon_s>\varepsilon_{gt})$
	810	1270	205000	0.7	0.2~0.3	2.85	0.01	20	5	$(\varepsilon_s>\varepsilon_{gt})$

受拉主筋	f_{py}/ (N/mm²)	f_{ptk}/f_{pyk}/ (N/mm²)	E_p/ (N/mm²)	控制系数	损失系数	f_{tk}/ (N/mm²)	ρ_{te}	c_s/ mm	d_{eq}/ mm	ξ_3
消除应力钢丝	1040	1470	205000	0.75	0.2~0.3	2.39	0.01	50	9	$(\varepsilon_s > \varepsilon_{gt})$
	1040	1470	205000	0.75	0.2~0.3	2.85	0.01	20	5	$(\varepsilon_s > \varepsilon_{gt})$
	1110	1570	205000	0.75	0.2~0.3	2.39	0.01	50	9	$(\varepsilon_s > \varepsilon_{gt})$
	1110	1570	205000	0.75	0.2~0.3	2.85	0.01	20	5	$(\varepsilon_s > \varepsilon_{gt})$
	1320	1860	205000	0.75	0.2~0.3	2.39	0.01	50	9	$(\varepsilon_s > \varepsilon_{gt})$
	1320	1860	205000	0.75	0.2~0.3	2.85	0.01	20	5	$(\varepsilon_s > \varepsilon_{gt})$
钢绞线	1110	1570	195000	0.75	0.2~0.3	2.39	0.01	50	21.6	0.107
	1110	1570	195000	0.75	0.2~0.3	2.85	0.01	20	8.6	0.073
	1220	1720	195000	0.75	0.2~0.3	2.39	0.01	50	21.6	0.138
	1220	1720	195000	0.75	0.2~0.3	2.85	0.01	20	8.6	0.074
	1320	1860	195000	0.75	0.2~0.3	2.39	0.01	65	21.6	0.185
	1320	1860	195000	0.75	0.2~0.3	2.85	0.01	20	8.6	0.075
	1390	1960	195000	0.75	0.2~0.3	2.39	0.01	50	21.6	0.241
	1390	1960	195000	0.75	0.2~0.3	2.85	0.01	20	8.6	0.076
预应力螺纹钢筋	650	785	200000	0.85	0.2~0.3	2.39	0.01	50	32	0.090
	650	785	200000	0.85	0.2~0.3	2.85	0.01	20	25	0.070
	770	930	200000	0.85	0.2~0.3	2.39	0.01	50	32	0.110
	770	930	200000	0.85	0.2~0.3	2.85	0.01	20	25	0.070
	900	1080	200000	0.85	0.2~0.3	2.39	0.01	50	32	0.143
	900	1080	200000	0.85	0.2~0.3	2.85	0.01	20	25	0.071

5.1.4 受压区混凝土被压碎时的相对受压区高度 ξ_4

受压区混凝土被压碎的破坏模式对应于混凝土达到极限压应变 ε_{cu} 和受拉钢筋刚刚屈服时的情况，即在受拉钢筋屈服的同时，混凝土受压边缘纤维也达到其极限压应变 ε_{cu}，截面破坏。为与设计中的控制条件一致，这里按各变量的设计值确定界限相对受压区高度 ξ_4。对于配置有屈服点的普通钢筋的钢筋混凝土构件，如图 5-6（a）所示，设钢筋开始屈服时的应变为 ε_y，则

$$\varepsilon_y = \frac{f_y}{E_s} \tag{5-35}$$

设界限破坏时中和轴高度为 x_{c4}，则有

$$\frac{x_{c4}}{h_0} = \frac{\varepsilon_{cu}}{\varepsilon_{cu} + \varepsilon_{gt}} \tag{5-36}$$

又

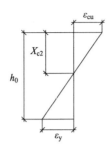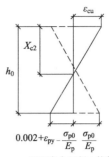

(a)普通钢筋混凝土构件　　　　　(b)预应力混凝土构件

图 5-6　界限受压区高度

$$x_4 = \beta_1 \cdot x_{c4} \tag{5-37}$$

将式(5-37)代入式(5-36)，得

$$\frac{x_4}{\beta_1 h_0} = \frac{\varepsilon_{cu}}{\varepsilon_{cu} + \varepsilon_y} \tag{5-38}$$

设 $\xi_4 = \dfrac{x_4}{h_0}$，称为界限相对受压区高度，则

$$\xi_4 = \frac{\beta_1 \varepsilon_{cu}}{\varepsilon_{cu} + \dfrac{f_y}{E_s}} \tag{5-39}$$

对于预应力混凝土构件，如图 5-6(b)所示，设钢筋屈服时的应变为 ε_{py}，则

$$\varepsilon_{py} = \frac{f_{py}}{E_p} \tag{5-40}$$

设界限破坏时中和轴高度为 x_{c4}，则有

$$\frac{x_{c4}}{h_0} = \frac{\varepsilon_{cu}}{\varepsilon_{cu} + 0.002 + \varepsilon_{py} - \dfrac{\sigma_{p0}}{E_p}} \tag{5-41}$$

将式(5-37)代入式(5-41)，得

$$\frac{x_4}{\beta_1 h_0} = \frac{\varepsilon_{cu}}{\varepsilon_{cu} + 0.002 + \varepsilon_{py} - \dfrac{\sigma_{p0}}{E_p}} \tag{5-42}$$

则

$$\xi_4 = \frac{\beta_1 \varepsilon_{cu}}{\varepsilon_{cu} + 0.002 + \dfrac{f_{py} - \sigma_{p0}}{E_p}} \tag{5-43}$$

式中　x_4——界限受压区高度；

　　　E_s——普通钢筋弹性模量；

　　　f_y——普通钢筋的抗拉强度设计值；

　　　f_{py}——预应力钢筋的抗拉强度设计值。

由此确定的普通钢筋混凝土构件的界限相对受压区高度见表 5-7。预应力钢筋混凝土构件的界限相对受压区高度见表 5-8。

表 5-7　普通钢筋混凝土构件的界限相对受压区高度 ξ_4

混凝土强度等级	≤C50	
钢筋级别	HRB400、HRBF400	HRB500、HRBF500
ξ_4	0.478	0.435

表 5-8　预应力钢筋混凝土构件的界限相对受压区高度 ξ_4

受拉主筋	f_{py}/（N/mm²）	f_{ptk}/f_{pyk}/（N/mm²）	弹性模量 E_p/（N/mm²）	控制系数	损失系数	ξ_2	平均值
中强度预应力钢丝	510	800	205000	0.70	0.2~0.3	0.376~0.408	0.370
	650	970				0.351~0.384	
	810	1270				0.334~0.370	
消除应力钢丝	1040	1470	205000	0.75	0.2~0.3	0.305~0.341	0.311
	1110	1570				0.298~0.334	
	1320	1860				0.277~0.313	
钢绞线	1110	1570	195000	0.75	0.2~0.3	0.292~0.328	0.295
	1220	1720				0.280~0.317	
	1320	1860				0.271~0.307	
	1390	1960				0.265~0.301	
预应力螺纹钢筋	650	785	200000	0.85	0.2~0.3	0.346~0.378	0.346
	770	930				0.329~0.362	
	900	1080				0.313~0.346	

5.1.5　最终判定标准

按上述方法确定的 $\varepsilon_s \leqslant \varepsilon_{gt}$ 时的截面相对受压区高度 ξ_1、ξ_2、ξ_3 和 ξ_4 见表 5-9。判定受拉主筋是否被拉断时，截面相对受压区高度应按钢筋的极限强度计算；判定其他三种受弯破坏模式时，则应按钢筋的屈服强度计算。为更准确地判定试验中构件首先发生的受弯破坏模式，表 5-10 列出了各临界状态下受拉主筋的应变 ε_s。

表5-9　不同破坏模式下受弯构件的界限相对受压区高度汇总表

受拉主筋		ξ_1 受拉钢筋拉断	ξ_2 挠度达到跨度的1/50	ξ_3 裂缝宽度达到1.5mm	ξ_4 受压区混凝土被压碎
HRB400、HRBF400		0.034	0.034~0.050	0.042~0.103	0.478
HRB500、HRBF500		0.034	0.034~0.050	0.044~0.138	0.435
中强度预应力钢丝	800	0.069~0.073	$(\varepsilon_s > \varepsilon_{gt})$	$(\varepsilon_s > \varepsilon_{gt})$	0.376~0.408
	970	0.070~0.074	$(\varepsilon_s > \varepsilon_{gt})$	$(\varepsilon_s > \varepsilon_{gt})$	0.351~0.384
	1270	0.071~0.076	$(\varepsilon_s > \varepsilon_{gt})$	$(\varepsilon_s > \varepsilon_{gt})$	0.334~0.370
消除应力钢丝	1470	0.072~0.078	$(\varepsilon_s > \varepsilon_{gt})$	$(\varepsilon_s > \varepsilon_{gt})$	0.305~0.341
	1570	0.073~0.078	$(\varepsilon_s > \varepsilon_{gt})$	$(\varepsilon_s > \varepsilon_{gt})$	0.298~0.334
	1860	0.075~0.080	$(\varepsilon_s > \varepsilon_{gt})$	$(\varepsilon_s > \varepsilon_{gt})$	0.277~0.313
钢绞线	1570	0.073~0.079	$(\varepsilon_s > \varepsilon_{gt})$	0.073~0.107	0.292~0.328
	1720	0.074~0.080	$(\varepsilon_s > \varepsilon_{gt})$	0.074~0.138	0.280~0.317
	1860	0.075~0.081	$(\varepsilon_s > \varepsilon_{gt})$	0.075~0.185	0.271~0.307
	1960	0.076~0.082	$(\varepsilon_s > \varepsilon_{gt})$	0.076~0.241	0.265~0.301
预应力螺纹钢筋	785	0.070~0.074	$(\varepsilon_s > \varepsilon_{gt})$	0.070~0.090	0.346~0.378
	930	0.070~0.075	$(\varepsilon_s > \varepsilon_{gt})$	0.011~0.070	0.329~0.362
	1080	0.071~0.076	$(\varepsilon_s > \varepsilon_{gt})$	0.071~0.143	0.313~0.346

表5-10　临界状态下受拉主筋的应变

受拉主筋		$\xi = \xi_1$	$\xi = \xi_2$	$\xi = \xi_3$	$\xi = \xi_4$
HRB400、HRBF400		0.075	0.049~0.152	0.022~0.060	0.002
HRB500、HRBF500		0.075	0.049~0.152	0.016~0.057	0.003
中强度预应力钢丝	800	0.035	0.051~0.154	0.136~0.240	0.005
	970	0.035	0.052~0.154	0.127~0.234	0.006
	1270	0.035	0.053~0.155	0.121~0.231	0.007
消除应力钢丝	1470	0.035	0.054~0.156	0.107~0.223	0.009
	1570	0.035	0.054~0.156	0.103~0.221	0.009
	1860	0.035	0.055~0.157	0.092~0.215	0.011
钢绞线	1570	0.035	0.054~0.156	0.026~0.128	0.010
	1720	0.035	0.054~0.156	0.021~0.126	0.010
	1860	0.035	0.055~0.157	0.016~0.124	0.011
	1960	0.035	0.055~0.157	0.013~0.123	0.011
预应力螺纹钢筋	785	0.035	0.052~0.154	0.028~0.048	0.006
	930	0.035	0.052~0.155	0.023~0.047	0.007
	1080	0.035	0.053~0.155	0.018~0.046	0.008

表 5-10 中 $\xi=\xi_2$、$\xi=\xi_3$ 时的受拉主筋应变是按近似方法确定的，$\xi=\xi_1$、$\xi=\xi_4$ 时的受拉主筋应变是按钢筋屈服强度、混凝土抗拉强度的平均值确定的。基于这种情况，通过对表 5-10 中临界状态下受拉主筋应变的分析，可得：

（1）无论是挠度达到跨度的 1/50，还是受拉主筋处的裂缝宽度达到 1.5mm，除了钢绞线，受拉主筋的应变均远高于屈服应变。对于配置高强度钢绞线的预应力混凝土构件，挠度达到计算跨度的 1/50 时，受拉主筋的应变远高于屈服应变；只有在受拉主筋处的最大裂缝宽度达到 1.5mm 时，才可能出现受拉主筋刚刚屈服或接近屈服的情况。总体而言，可认为这时受拉主筋已屈服。

（2）对于钢筋混凝土构件，除了受压区混凝土被压碎，最可能出现的破坏模式是受拉主筋处的裂缝宽度达到 1.5mm，也可能发生挠度达到计算跨度 1/50 的情况，受拉钢筋被拉断的可能性较小，即使试验中出现后两种破坏模式，受拉主筋处的裂缝宽度实际上也接近其破坏标志，可按受拉主筋处的裂缝宽度达到 1.5mm 的检验标准进行检验。

（3）对于配置中强度预应力钢丝、消除应力钢丝的预应力混凝土构件，除了受压区混凝土被压碎，最可能出现的破坏模式是受拉钢筋被拉断，挠度达到计算跨度 1/50 的可能性很小，受拉主筋处的裂缝宽度达到 1.5mm 的现象几乎不会发生。如果试验中出现挠度达到计算跨度 1/50 的现象，受拉钢筋实际上也接近被拉断，可按受拉钢筋被拉断的检验标准进行检验。

（4）对于配置预应力螺纹钢筋、钢绞线的预应力混凝土构件，除了受压区混凝土被压碎，出现受拉主筋处的裂缝宽度达到 1.5mm 和受拉钢筋被拉断的可能性均较大，挠度达到计算跨度 1/50 的可能性很小。如果试验中出现受拉主筋处的裂缝宽度达到 1.5mm，挠度达到计算跨度 1/50 的破坏模式，受拉主筋实际上也接近被拉断，可按受拉钢筋被拉断的检验标准进行检验。

这里以受压区混凝土被压碎、受拉主筋处的裂缝宽度达到 1.5mm 作为普通钢筋混凝土构件的主要破坏模式，以受压区混凝土被压碎、受拉钢筋被拉断作为预应力混凝土构件的主要破坏模式，并以它们为基准建立受弯破坏模式最终的判定标准。《混凝土结构工程施工质量验收规范》（GB 50204—2015）中对挠度达到计算跨度的 1/50，受拉主筋处裂缝宽度达到 1.5mm 的两种破坏模式采用了相同的检验标准。由表 5-10 可见，对于普通钢筋混凝土构件，它们的发生条件存在一定的交叉范围，这里对它们亦采用相同的判定标准。

为简化问题，建议按表 5-11 中的标准判定混凝土构件的受弯破坏模式，表 5-11 中受拉钢筋被拉断的截面最大相对受压区高度取表 5-9 中预应力混凝土构件相应各上限值的平均值，它与各上限值的差异均较小；挠度达到跨度 1/50 或裂缝宽度达到 1.5mm 的截面最大相对受压区高度取表 5-9 中普通钢筋混凝土构件裂缝宽度达到 1.5mm 时的取值范围的平均值，按此确定的检验标准可在一定程度上考虑挠度达到跨度 1/50，受拉钢筋被拉断时的情况；受压区混凝土被压碎时受拉钢筋是否屈服的界限相对受压区高度是按钢筋种类分别给出的，取表 5-9 中各类钢筋相应取值范围的平均值，不区分钢筋的强度等级，便于工程应用。判定标准较准确地反映了构件主要破坏模式发生的条件，并可考虑其他破坏模式发生时的情况，总体上是合理和可行的。

表 5-11　破坏模式判定标准

受拉主筋	受拉钢筋	挠度达到跨度的 1/50	受压区混凝土被压碎	
	被拉断	裂缝宽度达到 1.5mm	受拉钢筋屈服	受拉钢筋未屈服
HRB400、HRBF400 HRB500、HRBF500	—	$\xi \leq 0.08$	$0.08 < \xi \leq 0.45$	$\xi > 0.45$
中强度预应力钢丝	$\xi_u \leq 0.08$	—	$\xi_u > 0.08$，$\xi \leq 0.37$	$\xi > 0.37$
消除应力钢丝	$\xi_u \leq 0.08$	—	$\xi_u > 0.08$，$\xi \leq 0.35$	$\xi > 0.35$
钢绞线	$\xi_u \leq 0.08$	—	$\xi_u > 0.08$，$\xi \leq 0.32$	$\xi > 0.32$
预应力螺纹钢筋	$\xi_u \leq 0.08$	—	$\xi_u > 0.08$，$\xi \leq 0.30$	$\xi > 0.30$

注：ξ、ξ_u 分别为按钢筋屈服强度、极限强度计算的截面相对受压区高度。

5.2　受弯构件承载力检验的基本表达式

根据以上对不同破坏模式下截面相对受压区高度的确定，以 I 形截面的钢筋混凝土梁为典型构件，分析其概率模型，编制钢筋混凝土梁受弯承载力变异系数、保证率以及承载力检验系数允许值的计算程序，通过输入各个随机变量的均值、均值系数和变异系数，得到钢筋混凝土梁受弯承载力的变异系数、保证率以及承载力检验系数允许值。考虑到构件破坏类型与截面相对受压区高度 ξ 有着密切的关系，为便于建立不同破坏类型时的检验标准，将受弯承载力的变异系数及保证率均表达为随机变量 ξ 均值 μ_ξ 的函数，在建立构件受弯承载力的检验标准时，将以均值 μ_ξ 为指标区分不同的破坏类型。对于矩形、T 形截面的预应力混凝土梁和矩形、T 形、I 形截面的钢筋混凝土梁，其概率模型均可视为该典型构件概率模型的特例。

5.2.1　概率模型

为综合考虑不同构件截面尺寸、混凝土强度等级不同的影响，将构件受弯承载力 R 及其设计值 R_d 分别表达为下列无量纲的形式，即

$$R' = \frac{R}{\alpha_1 \mu_{f_c} b h_0^2} \tag{5-44}$$

$$R'_d = \frac{R_d}{\alpha_1 \mu_{f_c} b h_0^2} \tag{5-45}$$

这里忽略几何尺寸变异性的影响，则 R' 的变异系数及其设计值 R'_d 的保证率分别与 R、R_d 的相同。这时 R' 的概率模型可表达为

$$R' = K R'_0 \tag{5-46}$$

式中，K 用于考虑构件受弯承载力计算模式的不确定性；R'_0 为按规范公式计算的构件受弯承载力，它们均为随机变量。R' 的均值、变异系数以及系数 k 分别为

$$\mu_{R'} = \mu_K \mu_{R'_0} \tag{5-47}$$

$$\delta_{R'} = \sqrt{\delta_K^2 + \delta_{R'_0}^2} \tag{5-48}$$

$$k = -\frac{\ln\left(\dfrac{R'_d}{\mu_{R'}}\sqrt{1+\delta_{R'}^2}\right)}{\sqrt{\ln(1+\delta_{R'}^2)}} \tag{5-49}$$

式中，μ_K、$\mu_{R'_0}$ 和 δ_K、$\delta_{R'_0}$ 分别为 K、R'_0 的均值和变异系数。

根据《混凝土结构设计规范》（GB 50010—2010），对于典型的 I 形截面的预应力混凝土梁正截面承载能力来说，有

$$R'_0 = \left[\xi\left(1-\frac{\xi}{2}\right)+\frac{b'_f-b}{b}\omega\left(1-\frac{\omega}{2}\right)\right]\frac{f_c}{\mu_{f_c}}+\left(1-\frac{a'_s}{h_0}\right)\frac{\rho_{A'_s}f'_y}{\alpha_1\mu_{f_c}}+\left(1-\frac{a'_p}{h_0}\right)\rho_{A'_p}\left(\frac{f'_{py}}{\alpha_1\mu_{f_c}}-\frac{\sigma'_{p0}}{\alpha_1\mu_{f_c}}\right) \tag{5-50}$$

$$\xi+\frac{b'_f-b}{b}\omega=\frac{\rho_{A_s}f_y}{\alpha_1 f_c}-\frac{\rho_{A'_s}f'_y}{\alpha_1 f_c}+\frac{\rho_{A_p}f_{py}}{\alpha_1 f_c}+\frac{\rho_{A'_p}\sigma'_{p0}}{\alpha_1 f_c}-\frac{\rho_{A'_p}f'_{py}}{\alpha_1 f_c} \tag{5-51}$$

$$\omega = \min\left\{\frac{h'_f}{h_0},\ \xi\right\} \tag{5-52}$$

且应满足 $2a'/h_0 \leqslant \xi \leqslant \xi_b$。

若 $\xi > \xi_b$，可取

$$R'_0 = \left[\xi_b\left(1-\frac{\xi_b}{2}\right)+\frac{b'_f-b}{b}\omega\left(1-\frac{\omega}{2}\right)\right]\frac{f_c}{\mu_{f_c}}+\left(1-\frac{a'_s}{h_0}\right)\frac{\rho_{A'_s}f'_y}{\alpha_1\mu_{f_c}}+\left(1-\frac{a'_p}{h_0}\right)\rho_{A'_p}\left(\frac{f'_{py}}{\alpha_1\mu_{f_c}}-\frac{\sigma'_{p0}}{\alpha_1\mu_{f_c}}\right) \tag{5-53}$$

$$\omega = \min\left\{\frac{h'_f}{h_0},\ \xi_b\right\} \tag{5-54}$$

若 $\xi < 2a'/h_0$，可取

$$R'_0 = \left(1-\frac{a'_s}{h_0}\right)\left(\frac{\rho_{A_p}f_{py}}{\alpha_1\mu_{f_c}}+\frac{\rho_{A_s}f_y}{\alpha_1\mu_{f_c}}\right)-\left(\frac{a'_p}{h_0}-\frac{a'_s}{h_0}\right)\rho_{A'_p}\left(\frac{f'_{py}}{\alpha_1\mu_{f_c}}-\frac{\sigma'_{p0}}{\alpha_1\mu_{f_c}}\right) \tag{5-55}$$

式中，变量 ω 用于综合考虑混凝土受压区位于翼缘之内和之外的情况。其余符号的意义详见文献[5]。

一般情况下，$2a'/h_0 \geq 0.08$，故式(5-50)~式(5-52)和式(5-53)、式(5-54)可用于分析受拉钢筋屈服、不屈服条件下受压区混凝土被压碎时 R'_0 的概率特性，且应视 ξ 为随机变量的函数；式(5-55)可用于分析挠度达到跨度 1/50 或裂缝宽度达到 1.5mm 时 R'_0 的概率特性。受拉钢筋被拉断时 R'_0 的概率特性亦可按式(5-55)分析，但对普通钢筋混凝土构件的受拉钢筋和预应力混凝土构件的受拉预应力钢筋，应分别采用极限抗拉强度 f_{st}、f_{pt}，其受弯承载力分别为

$$R'_0 = \left(1-\frac{a'_s}{h_0}\right)\left(\frac{\rho_{A_s}f_{st}}{\alpha_1\mu_{f_c}}\right) \tag{5-56}$$

$$R'_0 = \left(1-\frac{a'_s}{h_0}\right)\left(\frac{\rho_{A_s}f_y}{\alpha_1\mu_{f_c}}+\frac{\rho_{A_p}f_{pt}}{\alpha_1\mu_{f_c}}\right)-\left(\frac{a'_p}{h_0}-\frac{a'_s}{h_0}\right)\rho_{A'_p}\left(\frac{f'_{py}}{\alpha_1\mu_{f_c}}-\frac{\sigma'_{p0}}{\alpha_1\mu_{f_c}}\right) \tag{5-57}$$

以上即为构件受弯承载力不同破坏类型时的概率模型。

5.2.2 变异系数及保证率

1. 受拉钢筋屈服，但未被拉断

当 $2a'/h_0 \leq \xi \leq \xi_b$，$R'$ 的变异系数 $\delta_{R'}$ 可表达为

$$\begin{aligned}\delta_{R'}^2 &= \delta_K^2+\delta_{R'_0}^2\\&=\delta_K^2+\frac{1}{\mu_{R'_0}^2}\left[\left(\frac{\partial R'_0}{\partial f_c}\bigg|_\mu \cdot \mu_{f_c}\right)^2\delta_{f_c}^2+\left(\frac{\partial R'_0}{\partial f_y}\bigg|_\mu \cdot \mu_{f_y}\right)^2\delta_{f_y}^2+\left(\frac{\partial R'_0}{\partial f'_y}\bigg|_\mu \cdot \mu_{f'_y}\right)^2\delta_{f'_y}^2+\right.\\&\left.\left(\frac{\partial R'_0}{\partial f_{py}}\bigg|_\mu \cdot \mu_{f_{py}}\right)^2\delta_{f_{py}}^2+\left(\frac{\partial R'_0}{\partial \sigma'_{p0}}\bigg|_\mu \cdot \mu_{\sigma'_{p0}}\right)^2\delta_{\sigma'_{p0}}^2+\left(\frac{\partial R'_0}{\partial f'_{py}}\bigg|_\mu \cdot \mu_{f_{py}}\right)^2\delta_{f_{py}}^2\right]\end{aligned} \tag{5-58}$$

其中的均值为

$$\mu_{R'_0}=\mu_\xi\left(1-\frac{\mu_\xi}{2}\right)+\frac{b'_f-b}{b}\mu_\omega\left(1-\frac{\mu_\omega}{2}\right)+\left(1-\frac{a'_s}{h_0}\right)\frac{\rho_{A'_s}\mu_{f'_y}}{\alpha_1\mu_{f_c}}+\left(1-\frac{a'_p}{h_0}\right)\rho_{A'_p}\left(\frac{\mu_{f'_{py}}}{\alpha_1\mu_{f_c}}-\frac{\mu_{\sigma'_{p0}}}{\alpha_1\mu_{f_c}}\right) \tag{5-59}$$

$$\mu_\xi+\frac{b'_f-b}{b}\mu_\omega=\frac{\rho_{A_s}\mu_{f_y}}{\alpha_1\mu_{f_c}}-\frac{\rho_{A'_s}\mu_{f'_y}}{\alpha_1\mu_{f_c}}+\frac{\rho_{A_p}\mu_{f_{py}}}{\alpha_1\mu_{f_c}}+\frac{\rho_{A'_p}\mu_{\sigma'_{p0}}}{\alpha_1\mu_{f_c}}-\frac{\rho_{A'_p}\mu_{f'_{py}}}{\alpha_1\mu_{f_c}} \tag{5-60}$$

$$\mu_\omega=\min\left\{\frac{h'_f}{h_0},\ \mu_\xi\right\} \tag{5-61}$$

相关的偏导数为

$$\left.\frac{\partial R'_0}{\partial f_c}\right|_\mu \cdot \mu_{f_c} = (1-\mu_\xi)\left[-\left(\frac{\rho_{A_s}\mu_{f_y}}{\alpha_1\mu_{f_c}} - \frac{\rho_{A'_s}\mu_{f'_y}}{\alpha_1\mu_{f_c}} + \frac{\rho_{A_p}\mu_{f_{py}}}{\alpha_1\mu_{f_c}} + \frac{\rho_{A'_p}\mu_{\sigma'_{p0}}}{\alpha_1\mu_{f_c}} - \frac{\rho_{A'_p}\mu_{f'_{py}}}{\alpha_1\mu_{f_c}}\right)\right] +$$

$$\mu_\xi\left(1-\frac{\mu_\xi}{2}\right) + \frac{b'_f-b}{b}\mu_\omega\left(1-\frac{\mu_\omega}{2}\right)$$

$$-\left(1-\mu_\xi\right)\left(\mu_\xi + \frac{b'_f-b}{b}\mu_\omega\right) + \mu_\xi\left(1-\frac{\mu_\xi}{2}\right) + \frac{b'_f-b}{b}\mu_\omega\left(1-\frac{\mu_\omega}{2}\right)$$

$$= \frac{1}{2}\mu_\xi^2 + \frac{b'_f-b}{b}\mu_\omega\left(\mu_\xi - \frac{1}{2}\mu_\omega\right) \tag{5-62}$$

$$\left.\frac{\partial R'_0}{\partial f_y}\right|_\mu \cdot \mu_{f_y} = (1-\mu_\xi)\frac{\rho_{A_s}\mu_{f_y}}{\alpha_1\mu_{f_c}} \tag{5-63}$$

$$\left.\frac{\partial R'_0}{\partial f'_y}\right|_\mu \cdot \mu_{f'_y} = -(1-\mu_\xi)\frac{\rho_{A'_s}\mu_{f'_y}}{\alpha_1\mu_{f_c}} + \left(1-\frac{a'_s}{h_0}\right)\frac{\rho_{A'_s}\mu_{f'_y}}{\alpha_1\mu_{f_c}} = \left(\mu_\xi - \frac{a'_s}{h_0}\right)\frac{\rho_{A'_s}\mu_{f'_y}}{\alpha_1\mu_{f_c}} \tag{5-64}$$

$$\left.\frac{\partial R'_0}{\partial f_{py}}\right|_\mu \cdot \mu_{f_{py}} = (1-\mu_\xi)\frac{\rho_{A_p}\mu_{f_{py}}}{\alpha_1\mu_{f_c}} \tag{5-65}$$

$$\left.\frac{\partial R'_0}{\partial \sigma'_{p0}}\right|_\mu \cdot \mu_{\sigma'_{p0}} = (1-\mu_\xi)\frac{\rho_{A'_p}\mu_{\sigma'_{p0}}}{\alpha_1\mu_{f_c}} - \left(1-\frac{a'_p}{h_0}\right)\frac{\rho_{A'_p}\mu_{\sigma'_{p0}}}{\alpha_1\mu_{f_c}} = -\left(\mu_\xi - \frac{a'_p}{h_0}\right)\frac{\rho_{A'_p}\mu_{\sigma'_{p0}}}{\alpha_1\mu_{f_c}} \tag{5-66}$$

$$\left.\frac{\partial R'_0}{\partial f'_{py}}\right|_\mu \cdot \mu_{f'_{py}} = -(1-\mu_\xi)\frac{\rho_{A'_p}\mu_{f'_{py}}}{\alpha_1\mu_{f_c}} + \left(1-\frac{a'_p}{h_0}\right)\frac{\rho_{A'_p}\mu_{f'_{py}}}{\alpha_1\mu_{f_c}} = \left(\mu_\xi - \frac{a'_p}{h_0}\right)\frac{\rho_{A'_p}\mu_{f'_{py}}}{\alpha_1\mu_{f_c}} \tag{5-67}$$

构件受弯承载力设计值 R'_d 为

$$R'_d = \left[\xi_d\left(1-\frac{\xi_d}{2}\right) + \frac{b'_f-b}{b}\omega_d\left(1-\frac{\omega_d}{2}\right)\right]\frac{1}{\chi_{f_c}\gamma_{f_c}} + \left(1-\frac{a'_s}{h_0}\right)\frac{\rho_{A'_s}\mu_{f'_y}}{\alpha_1\mu_{f_c}}\frac{1}{\chi_{f_y}\gamma_{f_y}} -$$

$$\left(1-\frac{a'_p}{h_0}\right)\frac{\rho_{A'_p}\mu_{\sigma'_{p0}}}{\alpha_1\mu_{f_c}}\frac{1}{\chi_{\sigma'_{p0}}\gamma_{\sigma'_{p0}}} + \left(1-\frac{a'_p}{h_0}\right)\frac{\rho_{A'_p}\mu_{f'_{py}}}{\alpha_1\mu_{f_c}}\frac{1}{\chi_{f'_{py}}\gamma_{f'_{py}}} \tag{5-68}$$

$$\omega_d = \min\left\{\frac{h'_f}{h_0}, \ \xi_d\right\} \tag{5-69}$$

ξ_d 需按下式求解

$$\xi_d + \frac{b'_f-b}{b}\omega_d = \chi_{f_c}\gamma_{f_c}\left(\frac{\rho_{A_s}\mu_{f_y}}{\alpha_1\mu_{f_c}}\frac{1}{\chi_{f_y}\gamma_{f_y}} - \frac{\rho_{A'_s}\mu_{f'_y}}{\alpha_1\mu_{f_c}}\frac{1}{\chi_{f'_y}\gamma_{f'_y}} + \frac{\rho_{A_p}\mu_{f_{py}}}{\alpha_1\mu_{f_c}}\frac{1}{\chi_{f_{py}}\gamma_{f_{py}}} + \right.$$

$$\left.\frac{\rho_{A'_p}\mu_{\sigma'_{p0}}}{\alpha_1\mu_{f_c}}\frac{1}{\chi_{\sigma'_{p0}}\gamma_{\sigma'_{p0}}} - \frac{\rho_{A'_p}\mu_{f'_{py}}}{\alpha_1\mu_{f_c}}\frac{1}{\chi_{f'_{py}}\gamma_{f'_{py}}}\right) \tag{5-70}$$

2. 受拉钢筋未屈服

当 $\xi > \xi_b$，R' 的变异系数 $\delta_{R'}$ 可表达为

$$\delta_{R'}^2 = \delta_K^2 + \delta_{R'_0}^2$$

$$= \delta_K^2 + \frac{1}{\mu_{R'_0}^2}\left[\left(\frac{\partial R'_0}{\partial f_c}\bigg|_\mu \cdot \mu_{f_c} \right)^2 \delta_{f_c}^2 + \left(\frac{\partial R'_0}{\partial f'_y}\bigg|_\mu \cdot \mu_{f'_y} \right)^2 \delta_{f'_y}^2 + \right.$$

$$\left. \left(\frac{\partial R'_0}{\partial f'_{py}}\bigg|_\mu \cdot \mu_{f'_{py}} \right)^2 \delta_{f'_{py}}^2 + \left(\frac{\partial R'_0}{\partial \sigma'_{p0}}\bigg|_\mu \cdot \mu_{\sigma'_{p0}} \right)^2 \delta_{\sigma'_{p0}}^2 \right] \tag{5-71}$$

其中的均值为

$$\mu_{R'_0} = \xi_b\left(1 - \frac{\xi_b}{2}\right) + \frac{b'_f - b}{b}\mu_\omega\left(1 - \frac{\mu_\omega}{2}\right) + \left(1 - \frac{a'_s}{h_0}\right)\frac{\rho_{A'_s}\mu_{f'_y}}{\alpha_1\mu_{f_c}} + \left(1 - \frac{a'_p}{h_0}\right)\rho_{A'_p}\left(\frac{\mu_{f'_{py}}}{\alpha_1\mu_{f_c}} - \frac{\mu_{\sigma'_{p0}}}{\alpha_1\mu_{f_c}}\right) \tag{5-72}$$

相关的偏导数为

$$\frac{\partial R'_0}{\partial f_c}\bigg|_\mu \cdot \mu_{f_c} = \xi_b\left(1 - \frac{\xi_b}{2}\right) + \frac{b'_f - b}{b}\mu_\omega\left(1 - \frac{\mu_\omega}{2}\right) \tag{5-73}$$

$$\frac{\partial R'_0}{\partial f'_y}\bigg|_\mu \cdot \mu_{f'_y} = \left(1 - \frac{a'_s}{h_0}\right)\frac{\rho_{A'_s}\mu_{f'_y}}{\alpha_1\mu_{f_c}} \tag{5-74}$$

$$\frac{\partial R'_0}{\partial f'_{py}}\bigg|_\mu \cdot \mu_{f'_{py}} = \left(1 - \frac{a'_p}{h_0}\right)\frac{\rho_{A'_p}\mu_{f'_{py}}}{\alpha_1\mu_{f_c}} \tag{5-75}$$

$$\frac{\partial R'_0}{\partial \sigma'_{p0}}\bigg|_\mu \cdot \mu_{\sigma'_{p0}} = -\left(1 - \frac{a'_p}{h_0}\right)\frac{\rho_{A'_p}\mu_{\sigma'_{p0}}}{\alpha_1\mu_{f_c}} \tag{5-76}$$

构件受弯承载力设计值 R'_d 为

$$R'_d = \left[\xi_d\left(1 - \frac{\xi_d}{2}\right) + \frac{b'_f - b}{b}\omega_d\left(1 - \frac{\omega_d}{2}\right) \right]\frac{1}{\chi_{f_c}\gamma_{f_c}} + \left(1 - \frac{a'_s}{h_0}\right)\frac{\rho_{A'_s}\mu_{f'_y}}{\alpha_1\mu_{f_c}}\frac{1}{\chi_{f'_y}\gamma_{f'_y}} -$$

$$\left(1 - \frac{a'_p}{h_0}\right)\frac{\rho_{A'_p}\mu_{\sigma'_{p0}}}{\alpha_1\mu_{f_c}}\frac{1}{\chi_{\sigma'_{p0}}\gamma_{\sigma'_{p0}}} + \left(1 - \frac{a'_p}{h_0}\right)\frac{\rho_{A'_p}\mu_{f'_{py}}}{\alpha_1\mu_{f_c}}\frac{1}{\chi_{f'_{py}}\gamma_{f'_{py}}} \tag{5-77}$$

3. 受拉钢筋被拉断

当 $\xi < 2a'/h_0$，对于普通钢筋混凝土构件，可直接得

$$\delta_{R'}^2 = \delta_K^2 + \delta_{R'_0}^2 = \delta_K^2 + \delta_{f_{st}}^2 \tag{5-78}$$

$$\mu_{R'_0} = \left(1 - \frac{a'_s}{h_0}\right)\left(\frac{\rho_{A_s}\mu_{f_{st}}}{\alpha_1\mu_{f_c}}\right) \tag{5-79}$$

$$R'_d = \left(1 - \frac{a'_s}{h_0}\right)\frac{\rho_{A_s}\mu_{f_{st}}}{\alpha_1\mu_{f_c}}\frac{1}{\chi_{f_y}\gamma_{f_y}} \tag{5-80}$$

对于预应力混凝土构件，R' 的变异系数 $\delta_{R'}$ 可表达为

$$\delta_{R'}^2 = \delta_K^2 + \delta_{R'_0}^2$$

$$= \delta_K^2 + \frac{1}{\mu_{R'_0}^2}\left[\left(\left.\frac{\partial R'_0}{\partial f_y}\right|_\mu \cdot \mu_{f_y}\right)^2 \delta_{f_y}^2 + \left(\left.\frac{\partial R'_0}{\partial f_{pt}}\right|_\mu \cdot \mu_{f_{pt}}\right)^2 \delta_{f_{pt}}^2 + \right.$$

$$\left. \left(\left.\frac{\partial R'_0}{\partial f'_{py}}\right|_\mu \cdot \mu_{f'_{py}}\right)^2 \delta_{f'_{py}}^2 + \left(\left.\frac{\partial R'_0}{\partial \upsilon'_{p0}}\right|_\mu \cdot \mu_{\sigma'_{p0}}\right)^2 \delta_{\sigma'_{p0}}^2 \right] \tag{5-81}$$

其中的均值为

$$\mu_{R'_0} = \left(1 - \frac{a'_s}{h_0}\right)\left(\frac{\rho_{A_p}\mu_{f_p}}{\alpha_1 \mu_{f_c}} + \frac{\rho_{A_p}\mu_{f_{p t}}}{\alpha_1 \mu_{f_c}}\right) - \left(\frac{a'_p}{h_0} - \frac{a'_s}{h_0}\right)\rho_{A'_p}\left(\frac{\mu_{f'_{py}}}{\alpha_1 \mu_{f_c}} - \frac{\mu_{\sigma'_{p0}}}{\alpha_1 \mu_{f_c}}\right) \tag{5-82}$$

相关的偏导数为

$$\left.\frac{\partial R'_0}{\partial f_y}\right|_\mu \cdot \mu_{f_y} = \left(1 - \frac{a'_s}{h_0}\right)\frac{\rho_{A_s}\mu_{f_y}}{\alpha_1 \mu_{f_c}} \tag{5-83}$$

$$\left.\frac{\partial R'_0}{\partial f_{pt}}\right|_\mu \cdot \mu_{f_{pt}} = \left(1 - \frac{a'_s}{h_0}\right)\frac{\rho_{A_p}\mu_{f_{pt}}}{\alpha_1 \mu_{f_c}} \tag{5-84}$$

$$\left.\frac{\partial R'_0}{\partial f'_{py}}\right|_\mu \cdot \mu_{f_{py}} = -\left(\frac{a'_p}{h_0} - \frac{a'_s}{h_0}\right)\frac{\rho_{A'_p}\mu_{f'_{py}}}{\alpha_1 \mu_{f_c}} \tag{5-85}$$

$$\left.\frac{\partial R'_0}{\partial \sigma'_{p0}}\right|_\mu \cdot \mu_{\sigma'_{p0}} = \left(\frac{a'_p}{h_0} - \frac{a'_s}{h_0}\right)\frac{\rho_{A'_p}\mu_{\sigma'_{p0}}}{\alpha_1 \mu_{f_c}} \tag{5-86}$$

构件受弯承载力设计值 R'_d 为

$$R'_d = \left(1 - \frac{a'_s}{h_0}\right)\left(\frac{\rho_{A_p}f_{pt}}{\alpha_1 \mu_{f_c}\chi_{f_{py}}\gamma_{f_{py}}} + \frac{\rho_{A_s}f_y}{\alpha_1 \mu_{f_c}\chi_{f_y}\gamma_{f_y}}\right) - \left(\frac{a'_p}{h_0} - \frac{a'_s}{h_0}\right)\rho_{A'_p}\left(\frac{f'_{py}}{\alpha_1 \mu_{f_c}\chi_{f_{py}}\gamma_{f'_{py}}} - \frac{\sigma'_{p0}}{\alpha_1 \mu_{f_c}\chi_{\sigma'_{p0}}\gamma_{\sigma'_{p0}}}\right)$$

$$\tag{5-87}$$

在式(5-44)~式(5-87)中：

    μ_X——结构构件中各相应变量的均值；

    χ_X——结构构件中各相应变量的均值系数；

    δ_X——结构构件中各相应变量的变异系数；

    γ_X——结构构件中材料性能的分项系数。

5.2.3 基本表达式

对于典型的 I 形截面的预应力混凝土梁，根据 3.2 节内容，按规范要求对其正截面承载力采用基于概率的检验方法进行检验时，应满足

$$\kappa_u^0 \geqslant \gamma_0[\kappa_u] \tag{5-88}$$

$$\kappa_u^0 = (\prod_{i=1}^{n}\gamma_{u,i}^0)^{\frac{1}{n}} \tag{5-89}$$

式中

$$\gamma_{u,i}^0 = \frac{R_i}{R_d} \tag{5-90}$$

$$[\kappa_u] = \exp\{(\frac{z_C}{\sqrt{n}}+k)\sqrt{\ln(1+\delta_R^2)}\} \tag{5-91}$$

式中　i——承载力检验的试件个数，一般取 1~3 个试件进行试验；

　　　R_i——各试件所对应的承载力荷载实测值；

　　　$\gamma_{u,i}^0$——第 i 个试件承载力实测值与荷载设计值（均包括自重）的比值，其值与目前检验方法中承载力检验系数实测值相同，可称之为构件的承载力检验系数实测值；

　　　κ_u^0——$\gamma_{u,1}^0$、$\gamma_{u,2}^0$、$\gamma_{u,3}^0$ 的几何平均值，从某种角度反映了各构件受弯承载力检验系数实测值的平均水平；

　　$[\kappa_u]$——代表了对该几何平均值的要求，亦可称之为构件的受弯承载力检验系数允许值，可根据具体试件受弯承载力的概率特性、受弯承载力设计值的保证率以及设计规范或设计要求的最低保证率和统计推断中的置信水平确定；

　　　k——可根据受弯承载力设计值的保证率确定；

　　　δ_R——承载力的变异系数。

对于受弯承载力，按构件实配钢筋即设计要求进行检验时，与按规范要求的检验方法类似，只需考虑按实配钢筋计算的构件受弯承载力，这里不再赘述。

5.3　检验系数允许值

基于钢筋混凝土梁正截面承载力的概率模型，已建立受弯构件承载力检验的基本表达式。本节将根据 5.2 节内容，进一步确定受弯构件承载力检验基本表达式中检验系数允许值的具体数值，以建立实用的基于概率的受弯构件承载力检验方法。首先，按 5.1 节内容确定的 μ_ξ 的变化范围和典型数值，设定 μ_ξ 的数值，同时根据工程中常见情况设定其他变量的数值，包括一些定值量和非定值量。然后，对影响检验系数允许值的各参数进行分析。最后，得到承载力检验系数允许值，建立完整的基于概率的受弯构件承载力检验方法。

5.3.1 基本参数的确定

1. μ_ξ 的取值

根据 5.1 节中对各破坏模式下受弯构件的相对受压区高度的计算分析，μ_ξ 按表 5-11 取值。

2. 其他变量的取值

在计算中，尚需确定其他变量，这些变量包括：

定值量，即变异系数：δ_K、δ_{f_c}、δ_{f_y}、$\delta_{f'_y}$、$\delta_{f_{py}}$、$\delta_{\sigma'_{p0}}$、$\delta_{f'_{py}}$；

均值系数和材料强度分项系数的乘积：$\chi_{f_c}\gamma_{f_c}$、$\chi_{f_y}\gamma_{f_y}$、$\chi_{f'_y}\gamma_{f'_y}$、$\chi_{f_{py}}\gamma_{f_{py}}$、$\chi_{\sigma'_{p0}}$

$\gamma_{\sigma'_{p0}}$、$\chi_{f'_{py}}\gamma_{f'_{py}}$，其中均值系数为 $\dfrac{1}{1-1.645\delta}$；

非定值量，即几何尺寸：$\dfrac{h'_f}{h_0}$、$\dfrac{b'_f-b}{b}$、$\dfrac{a'_s}{h_0}$、$\dfrac{a'_p}{h_0}$；

配筋率：ρ_{A_s}、$\rho_{A'_s}$、ρ_{A_p}、$\rho_{A'_p}$；

强度：$\dfrac{\mu_{f_y}}{\alpha_1\mu_{f_c}}$、$\dfrac{\mu_{f'_y}}{\alpha_1\mu_{f_c}}$、$\dfrac{\mu_{f_{py}}}{\alpha_1\mu_{f_c}}$、$\dfrac{\mu_{\sigma'_{p0}}}{\alpha_1\mu_{f_c}}$、$\dfrac{\mu_{f'_{py}}}{\alpha_1\mu_{f_c}}$。

受弯承载力计算模式不确定系数的均值系数和变异系数按文献[101]取值，即分别为 $\chi_K=1.00$ 和 $\delta_K=0.04$。

对于不同强度等级的混凝土，其变异系数各不相同，随混凝土强度等级的提高，其数值减小。根据均值系数的计算方法，可依次得到各强度等级混凝土的均值系数，见表 5-12。

表 5-12 混凝土强度变异系数和均值系数

强度等级	C20	C25	C30	C35	C40	C45	C50	C55	C60~C80
δ	0.18	0.16	0.14	0.13	0.12	0.12	0.11	0.11	0.1
χ	1.42	1.36	1.30	1.27	1.25	1.25	1.22	1.22	1.20

根据文献[95]中的说明，目前在我国的实际工程中普遍使用的混凝土强度等级为 C20~C40，各地有若干工程使用了 C50~C60 级混凝土，个别工程中已达 C60~C80。根据文献[96]中的说明，目前我国预应力混凝土采用的强度一般为 40~80MPa(28d 立方体抗压强度)，但强度大于 60MPa 的混凝土用得很少。发达国家工厂预制的预应力混凝土一般为 60~80MPa(圆柱体抗压强度)，个别也已接近 100MPa。在本文计算过程中，考虑工程中常见的情况，因此取普通钢筋混凝土构件的混凝土强度等级为 C20~C40，预应力钢筋混凝土构件的混凝土强度等级为 C40~C60，其材料分项系数 $\gamma_{f_c}=1.4$。

对普通钢筋混凝土构件中的钢筋，根据文献[88，102]，有 $\chi_{f_y} = 1.09$，$\delta_{f_y} = 0.06$；其中钢筋材料分项系数 $\gamma_{f_y} = 1.10$。因此，对普通钢筋混凝土，有 $\chi_{f_y}\gamma_{f_y} = \chi_{f'_y}\gamma_{f'_y} = 1.20$。根据文献[90]可知，对于预应力钢筋，取 $\delta_{f_{py}} = 0.1$，$\chi_{f_{py}} = 1.0$，其中分项系数 $\gamma_{f_{py}} = 1.2$。因此，有 $\chi_{f_{py}}\gamma_{f_{py}} = \chi_{f'_{py}}\gamma_{f'_{py}} = 1.2$。

国内资料中未见受压区预应力筋合力点处混凝土法向应力等于零的预应力筋合力 σ'_{p0} 的统计资料，考虑到它与预应力筋的屈服强度或极限强度有关，因此，取 $\chi_{\sigma'_{p0}} = 1.0$，$\delta_{\sigma'_{p0}} = 0.1$，$\gamma_{\sigma'_{p0}} = 1.2$，即 $\chi_{\sigma'_{p0}}\gamma_{\sigma'_{p0}} = 1.2$。

根据文献[103]，取 $\frac{h'_f}{h_0} = 0$、0.1、0.15、0.20、0.25，$\frac{b'_f - b}{b} = 0$、0.5、1.0、1.5、2.0。结合实际工程的一般应用，取梁高 $h = 400 \sim 1000mm$，受压区纵向普通钢筋合力点至截面受压边缘的距离 $a'_s = 35 \sim 80$。这样，有 $a'_s/h_0 = 0.04 \sim 0.25$，这个范围基本可涵盖钢筋混凝土受弯构件中普通钢筋常见的情况。对预应力钢筋，同样取 $a'_p/h_0 = 0.04 \sim 0.25$。设计经验表明，当梁、板的配筋率为：实心板 $\rho = 0.4\% \sim 0.8\%$，矩形梁 $\rho = 0.6\% \sim 1.5\%$，T形梁 $\rho = 0.9\% \sim 1.8\%$ 时，构件的用钢量和造价都较经济，施工比较方便，受力性能也较好，因此人们称它们为经济配筋率。本文计算中取 $\rho = 0.6\% \sim 1.5\%$。对于受压区钢筋的配筋率，根据文献[105]，对于考虑抗震设计的梁的正截面计算，由于计算或构造要求，通常其上、下部均配有纵向钢筋，甚至在有的情况下，上、下配筋还可能数量相当。考虑到未配置受压钢筋的情况，文中认为 $\rho_{A'_s} = 0 \sim 1.5\%$。关于预应力钢筋的最小配筋率，国内统计资料及文献中给出的均是计算公式，它与预应力构件的具体情况有关，较难确定。文献[106]指出，在构件的截面尺寸、混凝土标号、钢筋的品种等完全相同的情况下，预应力混凝土受弯构件的最小配筋率值，比普通钢筋混凝土受弯构件的最小配筋率值要高一些。鉴于这些原因，本文计算过程对预应力钢筋配筋率的范围仍按普通钢筋的经济配筋率考虑，即 $\rho_{A_p} = 0.6\% \sim 1.5\%$，$\rho_{A'_p} = 0 \sim 1.5\%$。

在普通钢筋混凝土构件中，取 $\frac{\mu_{f_y}}{\alpha_1\mu_{f_c}} = \frac{\mu_{f'_y}}{\alpha_1\mu_{f_c}} = 13.3 \sim 23.3$（HRB400、HRBF400）或 $16.6 \sim 29.1$（HRB500、HRBF500）；在预应力钢筋混凝土构件中，取 $\frac{\mu_{f_y}}{\alpha_1\mu_{f_c}} = \frac{\mu_{f'_y}}{\alpha_1\mu_{f_c}} = 9.6 \sim 13.3$（HRB400、HRBF400）或 $12 \sim 16.6$（HRB500、HRBF500）。

在预应力混凝土构件中，对于中强度预应力钢丝，取 $\frac{\mu_{f_{py}}}{\alpha_1\mu_{f_c}} = \frac{\mu_{f'_{py}}}{\alpha_1\mu_{f_c}} = 14.9 \sim$

32.6；对于消除应力钢丝，取 $\dfrac{\mu_{f_{py}}}{\alpha_1\mu_{f_c}} = \dfrac{\mu_{f_{py}}}{\alpha_1\mu_{f_c}} = 30 \sim 52.6$；对于钢绞线，取 $\dfrac{\mu_{f_{py}}}{\alpha_1\mu_{f_c}} =$

$\dfrac{\mu_{f'_{py}}}{\alpha_1\mu_{f_c}} = 32.1 \sim 55.4$；对于预应力螺纹钢筋，取 $\dfrac{\mu_{f_{py}}}{\alpha_1\mu_{f_c}} = \dfrac{\mu_{f'_{py}}}{\alpha_1\mu_{f_c}} = 18.9 \sim 35.9$。

考虑 $\sigma'_{p0} = \sigma_{p0} = \sigma_{con} - \sigma_l$，对于中强度预应力钢丝，取 $\dfrac{\mu_{\sigma'_{p0}}}{\alpha_1\mu_{f_c}} = 8.5 \sim 21.3$；对于

消除应力钢丝，取 $\dfrac{\mu_{\sigma'_{p0}}}{\alpha_1\mu_{f_c}} = 16.7 \sim 33.4$；对于钢绞线，取 $\dfrac{\mu_{\sigma'_{p0}}}{\alpha_1\mu_{f_c}} = 17.9 \sim 35.2$；对于

预应力螺纹钢筋，取 $\dfrac{\mu_{\sigma'_{p0}}}{\alpha_1\mu_{f_c}} = 10.1 \sim 22.0$。

分析中通过确定非定值量的典型数值，以用它们的组合反映实际可能出现的各类情况，包括矩形截面、非预应力构件、单筋构件等的情况。在确定 ρ_{A_s}、

$\dfrac{\mu_{f_y}}{\alpha_1\mu_{f_c}}$、$\rho_{A'_s}$、$\dfrac{\mu_{f'_y}}{\alpha_1\mu_{f_c}}$、$\rho_{A_p}$、$\dfrac{\mu_{f_{py}}}{\alpha_1\mu_{f_c}}$、$\rho_{A'_p}$、$\dfrac{\mu_{\sigma'_{p0}}}{\alpha_1\mu_{f_c}}$、$\dfrac{\mu_{f'_{py}}}{\alpha_1\mu_{f_c}}$ 的数值时，需满足

$$\mu_\xi + \dfrac{b'_f - b}{b}\mu_\omega = \dfrac{\rho_{A_s}\mu_{f_y}}{\alpha_1\mu_{f_c}} - \dfrac{\rho_{A'_s}\mu_{f'_y}}{\alpha_1\mu_{f_c}} + \dfrac{\rho_{A_p}\mu_{f_{py}}}{\alpha_1\mu_{f_c}} + \dfrac{\rho_{A'_p}\mu_{\sigma'_{p0}}}{\alpha_1\mu_{f_c}} - \dfrac{\rho_{A'_p}\mu_{f'_{py}}}{\alpha_1\mu_{f_c}} \tag{5-92}$$

设定 μ_ξ 的数值后，可选择 ρ_{A_s} 作为通过上述条件确定的量，但分析中需判断 ρ_{A_s} 取值的合理性。

5.3.2　影响检验系数允许值的参数分析

1. 普通钢筋混凝土构件

对普通钢筋混凝土构件来说，影响检验系数允许值的参数有 $\dfrac{h'_f}{h_0}$、$\dfrac{b'_f - b}{b}$、$\dfrac{a'_s}{h_0}$、

$\rho_{A'_s}$、$\dfrac{\mu_{f_y}}{\alpha_1\mu_{f_c}}$、$\dfrac{\mu_{f'_y}}{\alpha_1\mu_{f_c}}$ 等因素。为考察对检验系数允许值的影响程度，考虑比较有代

表性的情况，选取 $\dfrac{h'_f}{h_0} = 0.1$、$\dfrac{b'_f - b}{b} = 0.5$、$\dfrac{a'_s}{h_0} = 0.25$、$\rho_{A'_s} = 0.006$、$\dfrac{\mu_{f_y}}{\alpha_1\mu_{f_c}} = 15$、

$\dfrac{\mu_{f'_y}}{\alpha_1\mu_{f_c}} = 15$，采用 C35 混凝土、配置 HRB400 的普通钢筋混凝土受弯构件为"基准构件"。考虑受压区混凝土被压碎（受拉钢筋屈服）的破坏模式，如考虑 $\mu_\xi = 0.30$。分析这些影响因素，并将检验系数允许值变化趋势列于图 5-7 ~ 图 5-12，为方便起见，以只检验一个试件得到的检验系数允许值为例，考虑置信水平 $C = 0.75$。

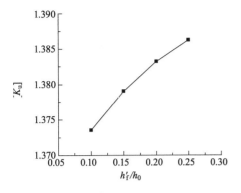

图 5-7 h'_f/h_0 的影响曲线

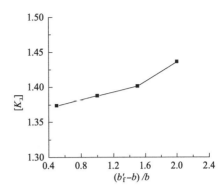

图 5-8 $(b'_f-b)/b$ 的影响曲线

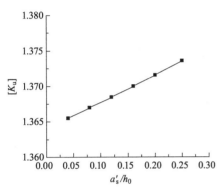

图 5-9 a'_s/h_0 的影响曲线

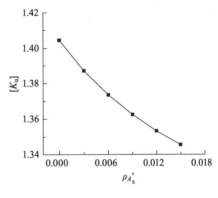

图 5-10 $\rho_{A'_s}$ 的影响曲线

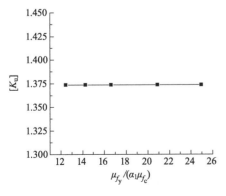

图 5-11 $\mu_{f_y}/(\alpha_1\mu_{f_c})$ 的影响曲线

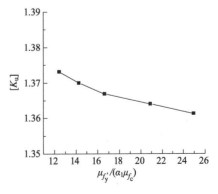

图 5-12 $\mu_{f'_y}/(\alpha_1\mu_{f_c})$ 的影响曲线

由图 5-7~图 5-12 可以看出：$\dfrac{\mu_{f_y}}{\alpha_1\mu_{f_c}}$ 对构件的承载力检验系数无影响；$\dfrac{h'_f}{h_0}$、

$\dfrac{a'_s}{h_0}$、$\dfrac{\mu_{f'_y}}{\alpha_1\mu_{f_c}}$ 对构件的承载力检验系数几乎也没有影响；受压钢筋配筋率 $\rho_{A'_s}$ 影响较

小，随着 $\rho_{A'_s}$ 从 0 增入到 1.5%，检验系数允许值下降了 4.6%；$\dfrac{b'_f-b}{b}$ 的影响较小，

随着 $\dfrac{b'_f-b}{b}$ 从 0.5 增大到 2，检验系数允许值下降了 4.4%。由此可见，普通钢筋
混凝土构件承载力检验系数的数值变化范围很小，其数值变化主要取决于 μ_ξ 的
数值，即主要由构件的破坏模式决定。

2. 预应力钢筋混凝土构件

对预应力钢筋混凝土构件来说，影响检验系数允许值的参数有：$\dfrac{h'_f}{h_0}$、$\dfrac{b'_f-b}{b}$、

$\dfrac{a'_s}{h_0}$、$\dfrac{a'_p}{h_0}$、$\rho_{A'_s}$、ρ_{A_p}、$\rho_{A'_p}$、$\dfrac{\mu_{f_y}}{\alpha_1\mu_{f_c}}$、$\dfrac{\mu_{f'_y}}{\alpha_1\mu_{f_c}}$、$\dfrac{\mu_{f_{py}}}{\alpha_1\mu_{f_c}}$、$\dfrac{\mu_{f'_{py}}}{\alpha_1\mu_{f_c}}$、$\dfrac{\mu_{\sigma'_{p0}}}{\alpha_1\mu_{f_c}}$ 等。为考察对检验系

数允许值的影响程度，考虑比较有代表性的情况，选取 $\dfrac{h'_f}{h_0}=0.1$、$\dfrac{b'_f-b}{b}=0.5$、

$\dfrac{a'_s}{h_0}=0.25$、$\dfrac{a'_p}{h_0}=0.25$、$\rho_{A'_s}=0.006$、$\rho_{A_p}=0.008$、$\rho_{A'_p}=0$、$\dfrac{\mu_{f_y}}{\alpha_1\mu_{f_c}}=9.6$、$\dfrac{\mu_{f'_y}}{\alpha_1\mu_{f_c}}=9.6$、

$\dfrac{\mu_{f_{py}}}{\alpha_1\mu_{f_c}}=14.9$、$\dfrac{\mu_{f'_{py}}}{\alpha_1\mu_{f_c}}=14.9$、$\dfrac{\mu_{\sigma'_{p0}}}{\alpha_1\mu_{f_c}}=8.51$，采用 C60 混凝土、配置 HRB400 普通钢

筋、$f_{py}=510\text{MPa}$ 的中强度预应力钢丝的预应力钢筋混凝土受弯构件为"基准构件"。
考虑受压区混凝土被压碎(受拉钢筋屈服)的破坏模式，如考虑 $\mu_\xi=0.3$。分析这些
影响因素，并将检验系数允许值变化趋势列于图 5-13~图 5-24，为方便起见，同
样以只检验一个试件得到的检验系数允许值为例，考虑置信水平 $C=0.75$。

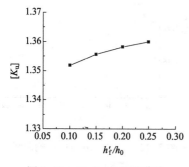

图 5-13　h'_f/h_0 的影响曲线

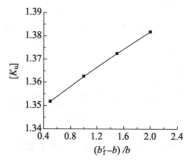

图 5-14　$(b'_f-b)/b$ 的影响曲线

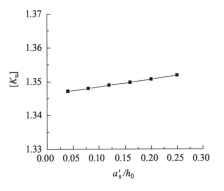

图 5-15 a'_s/h_0 的影响曲线

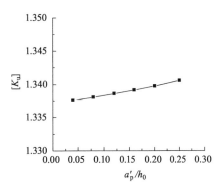

图 5-16 a'_p/h_0 的影响曲线

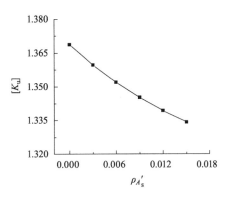

图 5-17 $\rho_{A'_s}$ 的影响曲线

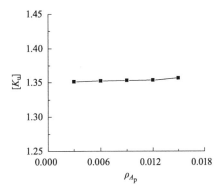

图 5-18 ρ_{A_p} 的影响曲线

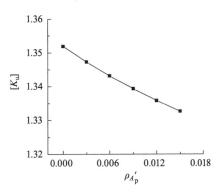

图 5-19 $\rho_{A'_p}$ 的影响曲线

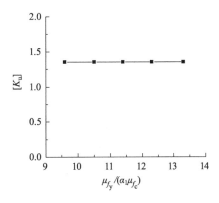

图 5-20 $\mu_{f_y}/(\alpha_1 \mu_{f_c})$ 的影响曲线

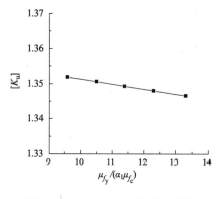

图 5-21 $\mu_{f'_y}/(\alpha_1\mu_{f_c})$ 的影响曲线

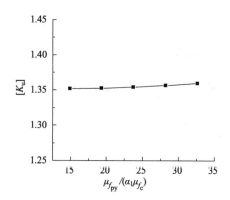

图 5-22 $\mu_{f_{py}}/(\alpha_1\mu_{f_c})$ 的影响曲线

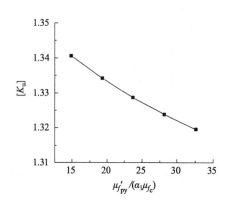

图 5-23 $\mu_{f'_{py}}/(\alpha_1\mu_{f_c})$ 的影响曲线

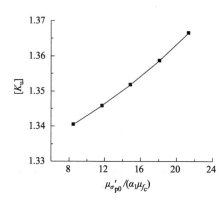

图 5-24 $\mu_{\sigma'_{p0}}/(\alpha_1\mu_{f_c})$ 的影响曲线

由图 5-13~图 5-24 可以看出：$\dfrac{\mu_{f_y}}{\alpha_1\mu_{f_c}}$ 对构件的承载力检验系数无影响；$\dfrac{h'_f}{h_0}$、

$\dfrac{a'_s}{h_0}$、$\dfrac{a'_p}{h_0}$、ρ_{A_p}、$\dfrac{\mu_{f'_y}}{\alpha_1\mu_{f_c}}$、$\dfrac{\mu_{f_{py}}}{\alpha_1\mu_{f_c}}$ 对构件的承载力检验系数几乎也没有影响；$\dfrac{b'_f-b}{b}$ 的影

响较小，随着 $\dfrac{b'_f-b}{b}$ 从 0.5 增大到 2，检验系数允许值下降了 2.2%；受压钢筋配

筋率 $\rho_{A'_s}$ 影响较小，随着 $\rho_{A'_s}$ 从 0 增大到 1.5%，检验系数允许值下降了 2.6%；

$\rho_{A'_p}$ 的影响较小，随着 $\rho_{A'_p}$ 从 0 增大到 1.5%，检验系数允许值下降了 1.5%；$\dfrac{\mu_{f'_{py}}}{\alpha_1\mu_{f_c}}$

的影响较小，随着 $\dfrac{\mu_{f'_{py}}}{\alpha_1\mu_{f_c}}$ 从 14.9 增大到 32.6，检验系数允许值下降了 2.29%；

$\dfrac{\mu_{\sigma'_{p0}}}{\alpha_1 \mu_{f_c}}$ 的影响较小，随着 $\dfrac{\mu_{\sigma'_{p0}}}{\alpha_1 \mu_{f_c}}$ 从 8.51 增大到 21.3，检验系数允许值下降了 2.24%。由此可见，预应力钢筋混凝土构件承载力检验系数的数值变化范围也很小，其数值变化主要取决于 μ_ξ 的数值，即主要由构件的破坏模式决定。

5.3.3 检验系数允许值

在 5.3.2 节中，对影响混凝土受弯构件承载力检验基本表达式中检验系数允许值的各因素进行了分析，为了得到检验系数允许值，让这些影响因素先后取"低值"和"高值"，大体覆盖常用构件的范围。每次变动一个值进行计算，最后再让使检验系数允许值 $[\kappa_u]$ 增大和减小的所有因素结合在一起，计算出"最大的" $[\kappa_u]$ 和"最小的" $[\kappa_u]$。将计算过程中涉及的受弯承载力变异系数及保证率的计算值和置信水平的校准结果列于表 5-13，置信水平的校准是令现行检验方法的结果与基于概率的检验方法相同，以确定现行检验标准中隐含的置信水平。其中的模式 1、2、3、4 分别指"受拉钢筋被拉断""挠度达到跨度 1/50 或裂缝宽度达到 1.5mm""受压区混凝土被压碎（受拉钢筋屈服）"和"受压区混凝土被压碎（受拉钢筋未屈服）"。其中模式 3 的 δ_R、k、C 平均值考虑了 ξ 的变化，k 的平均值对应于保证率 p 的平均值，C 的平均值考虑了抽样数量 n 的变化。

由表 5-13 可见：相同破坏模式下的 δ_R 值总体上较为接近，但模式 4 下的 δ_R 值变化范围较大，明显高于其他模式下的 δ_R 值；不同破坏模式下配置不同钢筋的混凝土构件的 k 值（对应于保证率 p）总体上变化较大，在平均意义上，预应力混凝土构件的 k 值高于普通钢筋混凝土构件的；C 值差异很大，存在接近 0 或 1 的情况，风险控制水平上缺乏较好的一致性，其中模式 1 下的 C 值变化范围较小，数值明显较大，其他破坏模式下的 C 值变化范围很大，模式 4 下的 C 值明显较小。

按概率特性平均值相近的原则，检验受弯承载力时可将混凝土构件划分为四大类：普通钢筋混凝土构件（HRB400、HRBF400）、普通钢筋混凝土构件（HRB500、HRBF500）、预应力混凝土构件（中强度预应力钢丝、预应力螺纹钢筋）、预应力混凝土构件（消除应力钢丝、钢绞线）。同时，应考虑受压区混凝土被压碎时受拉钢筋屈服和不屈服的情况，它们的承载力概率特性亦存在较大的差别。目前的检验方法中实际上仅区分了普通钢筋混凝土构件和预应力混凝土构件，未充分反映不同破坏模式下配置不同钢筋的混凝土构件在承载力概率特性上的差异。

表 5-13　受弯承载力变异系数、保证率计算值和置信水平校准结果

构件类型及破坏模式		实际值			平均值		
		δ_R	k	C'	δ_R	k	C'
普通钢筋混凝土构件（HRB400、HRBF400）	模式1	0.072	2.73	0.988~（1）	0.072	2.73	0.999
	模式2	0.072	2.73	（0）~0.421	0.072	2.73	0.250
	模式3	0.063~0.069	3.38~5.61	（0）~0.732	0.066	3.86	0.255
	模式4	0.104~0.127	3.97~4.35	（0）~0.074	0.115	4.09	0.016
普通钢筋混凝土构件（HRB500、HRBF500）	模式1	0.072	3.35	0.988~0.999	0.072	3.35	0.995
	模式2	0.072	3.35	（0）~0.207	0.072	3.35	0.091
	模式3	0.062~0.069	3.98~5.77	（0）~0.512	0.065	4.39	0.130
	模式4	0.097~0.127	4.32~4.35	（0）~0.055	0.112	4.34	0.012
预应力混凝土构件（中强度预应力钢丝）	模式1	0.059~0.072	3.94~4.46	0.955~（1）	0.065	4.08	0.985
	模式2	0.059~0.072	3.94~4.46	0.304~0.762	0.066	4.07	0.567
	模式3	0.046~0.068	4.64~5.30	0.763~0.943	0.057	4.98	0.438
	模式4	0.068~0.108	4.75~5.48	（0）~0.692	0.088	4.89	0.344
预应力混凝土构件（预应力螺纹钢筋）	模式1	0.058~0.072	3.94~4.51	0.955~（1）	0.065	4.08	0.985
	模式2	0.059~0.072	3.94~4.56	0.304~0.751	0.065	4.08	0.577
	模式3	0.049~0.068	4.64~5.21	0.795~0.943	0.058	4.96	0.443
	模式4	0.082~0.108	4.75~5.12	（0）~0.434	0.095	4.86	0.187
预应力混凝土构件（消除应力钢丝）	模式1	0.062~0.072	3.94~4.17	0.955~（1）	0.067	4.03	0.985
	模式2	0.062~0.072	3.94~4.12	0.304~0.778	0.067	4.01	0.583
	模式3	0.051~0.066	4.48~4.93	0.927~（1）	0.059	4.77	0.478
	模式4	0.086~0.114	4.42~4.92	（0）~0.423	0.100	4.55	0.194
预应力混凝土构件（钢绞线）	模式1	0.062~0.072	3.94~4.16	0.955~（1）	0.067	4.03	0.985
	模式2	0.062~0.072	3.94~4.12	0.304~0.775	0.067	4.01	0.581
	模式3	0.051~0.066	4.48~4.85	0.932~（1）	0.059	4.75	0.479
	模式4	0.085~0.117	4.31~4.92	（0）~0.438	0.100	4.45	0.205

　　根据表 5-13 中各类构件不同破坏模式下 δ_R、k 的平均值，表 5-14 中给出了它们的建议值。对于置信水平 C，对各类构件和破坏模式宜采用统一的数值，以保证与现行检验标准的风险水平基本一致，检验结果之间无过大差异，且不应小于 0.5。《民用建筑可靠性鉴定标准》（GB 50292—2015）中建议：在确定已有结构构件材料强度标准值时，检测所取的置信水平 C 可取 0.60（砌体）、0.75（混凝土）和 0.90（钢材）。本文均取为 $C=0.75$。

根据 δ_R、k、C 的建议值，表 5-14 中列出了不同抽样数量 n 时的 $[\kappa_u]$ 值，它受抽样数量 n 的影响较小，可统一取表 5-14 中的建议值。这时按基于概率的检验方法检验混凝土构件受弯承载力的检验标准见表 5-15，它归并了"受拉钢筋被拉断"与"挠度达到跨度 1/50 或裂缝宽度达到 1.5mm"的情况，它们均具有相同的 $[\kappa_u]$ 值，并区分了配置不同钢筋的混凝土构件和受压区混凝土被压碎时受拉钢筋屈服和未屈服的情况，它们的 $[\kappa_u]$ 值存在着较大差异。

表 5-14 相关指标建议值

构件类型及破坏模式		δ_R	k	C	$[\kappa_u]$			
		建议值			$n=1$	$n=2$	$n=3$	建议值
普通钢筋混凝土构件（HRB400、HRBF400）	模式1	0.070	2.75	0.75	1.27	1.26	1.25	1.25
	模式2	0.070	2.75	0.75	1.27	1.26	1.25	1.25
	模式3	0.065	3.85	0.75	1.34	1.33	1.32	1.35
	模式4	0.012	4.10	0.75	1.77	1.73	1.71	1.75
普通钢筋混凝土构件（HRB500、HRBF500）	模式1	0.070	3.35	0.75	1.32	1.31	1.30	1.30
	模式2	0.070	3.35	0.75	1.32	1.31	1.30	1.30
	模式3	0.065	4.40	0.75	1.39	1.37	1.36	1.40
	模式4	0.011	4.30	0.75	1.73	1.69	1.67	1.70
预应力混凝土构件（中强度预应力钢丝、预应力螺纹钢筋）	模式1	0.065	4.00	0.75	1.35	1.34	1.33	1.35
	模式2	0.065	4.00	0.75	1.35	1.34	1.33	1.35
	模式3	0.060	5.00	0.75	1.41	1.39	1.38	1.40
	模式4	0.090	4.90	0.75	1.65	1.62	1.61	1.65
预应力混凝土构件（消除应力钢丝、钢绞线）	模式1	0.065	4.00	0.75	1.35	1.34	1.33	1.35
	模式2	0.065	4.00	0.75	1.35	1.34	1.33	1.35
	模式3	0.060	4.80	0.75	1.39	1.37	1.36	1.40
	模式4	0.100	4.50	0.75	1.68	1.64	1.63	1.65

从表 5-15 可以看出，目前检验方法的检验结果存在明显偏于保守或冒进的情况，其中检验受拉钢筋被拉断的承载力时，结果明显偏于保守；检验挠度达到跨度 1/50 或裂缝宽度达到 1.5mm 的承载力时，偏于冒进（普通钢筋混凝土构件）或基本相当（预应力混凝土构件）；检验受拉钢筋屈服条件下受压区混凝土被压碎的承载力时，偏于冒进（普通钢筋混凝土构件）或保守（预应力混凝土构件）；检验受拉钢筋不屈服条件下受压区混凝土被压碎的承载力时，明显偏于冒进。

表 5-15 受弯承载力检验系数允许值

达到承载能力极限状态的检验标志		$[\kappa_u]$
受拉主筋被拉断； 受拉主筋处的最大裂缝宽度达到 1.5mm； 挠度达到跨度的 1/50	HRB400、HRBF400	1.25
	HRB500、HRBF500	1.30
	中强度预应力钢丝、预应力螺纹钢筋	1.35
	消除应力钢丝、钢绞线	1.35
受压区混凝土被压碎 （受拉钢筋屈服）	HRB400、HRBF400	1.35
	HRB500、HRBF500	1.40
	中强度预应力钢丝、预应力螺纹钢筋	1.40
	消除应力钢丝、钢绞线	1.40
受压区混凝土被压碎 （受拉钢筋未屈服）	HRB400、HRBF400	1.75
	HRB500、HRBF500	1.70
	中强度预应力钢丝、预应力螺纹钢筋	1.65
	消除应力钢丝、钢绞线	1.65

通过基于概率的检验方法得到的承载力检验系数允许值考虑了构件受弯承载力检验时各影响因素的统计结果，且各设定的失效模式所对应的检验系数是按设计规范的可靠度要求确定的，同时，也不影响复式抽样的使用。与目前检验方法中的检验系数允许值相比，文中方法中的检验系数允许值不再是建立于经验基础上的，具有良好的理论基础。

5.3.4 实例分析

已知一批钢筋混凝土简支梁（图 5-25），其计算跨度 $l_0 = 5.7\text{m}$，混凝土强度等级为 C30，纵向受拉钢筋选用 HRB400 级钢筋。设计时取永久荷载标准值为 $g_k = 12.5\text{kN/m}$（包括梁自重），可变荷载标准值 $q_k = 9.5\text{kN/m}$，结构的安全等级为二级，环境类别为一类。经计算，选用钢筋根数和直径为 $3 \times \phi 20$，其实际钢筋面积 $A_s = 942\text{mm}^2$。试评定该批梁的承载力是否满足设计规范承载力检验的要求。

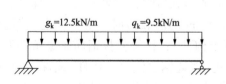

图 5-25 承受均布荷载的简支梁

解：抽取一个试件进行检验，在荷载试验过程中，该梁在均布试验荷载达到37.2kN/m(包括梁自重在内)时，受压区混凝土压碎，且受拉钢筋屈服。

1. 目前检验方法

根据《建筑结构荷载规范》，永久荷载分项系数 $\gamma_G = 1.2$，可变荷载分项系数 $\gamma_Q = 1.4$，故作用在梁上荷载效应基本组合为

$$p = \gamma_G \cdot g_k + \gamma_Q \cdot q_k = 1.2 \times 12.5 + 1.4 \times 9.5 = 28.3 \text{kN/m}$$

梁跨中最大弯矩设计值为

$$S = pl^2/8 = 28.3 \times 5.7^2/8 = 114.93 \text{kN} \cdot \text{m}$$

该梁的承载力实测值为

$$R_1 = 37.2 \times 5.7^2/8 = 151.08 \text{kN} \cdot \text{m}$$

承载力检验系数实测值

$$\gamma_{u,1}^0 = \frac{R_1}{S} = \frac{151.08}{114.93} = 1.315$$

按目前检验方法检验时，对受压区混凝土压碎的破坏标志，$[\gamma_u] = 1.30$，而 $\gamma_0 = 1.0$ 所以 $\gamma_{u,1}^0 = 1.315 > \gamma_0[\gamma_u] = 1.30$

结论：该批构件满足设计规范的承载力要求。

2. 基于概率的构件性能检验方法

对普通钢筋混凝土构件，发生受压区混凝土压碎的破坏形式时，受弯承载力检验系数允许值为 $[\kappa_u] = 1.35$。有

$$\kappa_u^0 = \gamma_{u,1}^0 = 1.315 < \gamma_0[\kappa_u] = 1.35$$

结论：该批构件不满足设计规范的承载力要求。

相对于目前的检验方法，概率检验方法中承载力检验系数允许值有所提高，检验更为严格，因为按目前检验方法中的检验系数检验时，检验结果的置信水平不足0.5，这是不合理的，基于概率的检验方法中对置信水平进行了调整。同时，文中方法考虑了受弯构件实际整体性能的概率特性和构件材料性能、几何尺寸、计算模式不定性等影响因素的概率特性，直接反映了设计规范对构件性能的可靠度要求，从概率的角度按可靠度要求判定构件的性能，使得受弯构件性能的检验建立于结构可靠度理论和统计学的基础上，克服了目前检验方法的不足。

6 受弯构件抗裂性能检验方法

本章将以预应力混凝土受弯构件为分析对象，提出完整的基于概率的预制混凝土受弯构件抗裂性能检验方法，预应力混凝土构件的抗裂性包括正截面抗裂和斜截面抗裂两部分，本文只考虑预应力钢筋混凝土构件正截面的抗裂。正截面抗裂性是通过正截面混凝土的法向应力来控制的，并将结构构件正截面的受力裂缝控制等级分为三级。首先，根据正截面混凝土的法向应力和控制等级以及规范给出的计算公式，得到抗裂性能的概率模型；其次，根据抗裂性能概率模型中所涉及的基本变量(包括几何参数、材料性能和计算模式)的统计特性，确定抗裂性能的变异系数及保证率；最后，在建立的构件抗裂性能检验基本表达式的基础上，得到构件检验系数允许值，建立完整的基于概率的预制混凝土受弯构件抗裂性能检验方法。

6.1 结构构件正截面抗裂性能的概率模型

预制构件的抗裂检验为预应力预制构件抗裂检验的要求。预应力混凝土结构构件可分成不同的结构体系，根据张拉预应力钢筋与浇筑混凝土的先后次序，可以分为先张法和后张法两种；根据预应力钢筋与混凝土之间的连接方式，又可以分为有黏结和无黏结预应力混凝土结构。先张法是制作预应力混凝土构件时，先张拉预应力钢筋后浇混凝土的一种方法；而后张法是先浇筑混凝土，待混凝土达到规定强度后再张拉预应力钢筋的一种预加应力方法。有黏结预应力是指沿预应力筋全长其周围均与混凝土黏结、握裹在一起的预应力。无黏结预应力，是指预应力筋伸缩、滑动自由，不与周围混凝土黏结的预应力。

无论是有黏结的预应力混凝土结构，还是无黏结的预应力混凝土结构，对其进行抗裂性能的检验是有必要的，这是由于结构或构件截面开裂或出现较多裂缝后，会影响结构构件的使用性能，当构件一旦开裂，其刚度会显著降低，挠度会增大。所谓抗裂性，是指结构或构件在正常使用荷载作用下，其截面抵抗开裂的能力。由于构件截面开裂对钢筋的锈蚀，尤其是预应力钢筋的锈蚀，会带来相当大的危险性。对于预应力混凝土构件来说，当构件截面开裂后，开裂刚度的降低，是构件钢筋的应力增量突然加大的主要原因。而且，由于预应力混凝土结构中使用的钢筋主要是碳素钢丝、刻痕钢丝、钢绞线以及冷拉低碳钢丝，这些钢材是用高碳钢丝经冷加工热处理或低碳钢经冷加工而制成的，且其直径较小，锈蚀后截面损失大，同时，预应力筋在高应力状态下的应力腐蚀特别敏感，尤其是在动荷载作用下，更容易发生脆断。

结构构件正截面的受力裂缝控制等级分为三类，等级划分及要求应符合下列规定：

一级——严格要求不出现裂缝的构件，按荷载标准组合计算时，构件受拉边缘混凝土不应产生拉应力；

二级——一般要求不出现裂缝的构件，按荷载标准组合计算时，构件受拉边缘混凝土拉应力不应大于混凝土抗拉强度的标准值；

三级——允许出现裂缝的构件：对钢筋混凝土构件，按荷载准永久组合并考虑长期作用影响计算时，构件的最大裂缝宽度不应超过规范规定的最大裂缝宽度限值。对预应力混凝土构件，按荷载标准组合并考虑长期作用的影响计算时，构件的最大裂缝宽度同样也不应超过规范规定的最大裂缝宽度限值；对二 a 类环境的预应力混凝土构件，尚应按荷载准永久组合计算，且构件受拉边缘混凝土的拉应力不应大于混凝土的抗拉强度标准值。

对于预应力混凝土构件，应按下列规定进行受拉边缘应力验算：

（1）一级裂缝控制等级构件，在荷载标准组合下，受拉边缘应力应符合下式规定：

$$\sigma_{ck} - \sigma_{pc} \leqslant 0 \tag{6-1}$$

（2）二级裂缝控制等级构件，在荷载标准组合下，受拉边缘应力应符合下式规定：

$$\sigma_{ck} - \sigma_{pc} \leqslant f_{tk} \tag{6-2}$$

（3）三级裂缝控制等级时，钢筋混凝土构件的最大裂缝宽度可按荷载准永久组合并考虑长期作用影响的效应计算，预应力混凝土构件的最大裂缝宽度可按荷载标准组合并考虑长期作用影响的效应计算。最大裂缝宽度应符合下列规定：

$$w_{max} \leqslant w_{lim} \tag{6-3}$$

对环境类别为二 a 类的预应力混凝土构件，在荷载准永久组合下，受拉边缘应力尚应符合下式规定：

$$\sigma_{cq} - \sigma_{pc} \leqslant f_{tk} \tag{6-4}$$

式中　σ_{ck}、σ_{cq}——荷载标准组合、准永久组合下抗裂验算边缘的混凝土法向应力；

σ_{pc}——扣除全部预应力损失后在抗裂验算边缘混凝土的预压应力；

f_{tk}——混凝土轴心抗拉强度标准值；

w_{max}——按荷载的标准组合或准永久组合并考虑长期作用影响计算的最大裂缝宽度；

w_{lim}——最大裂缝宽度限值。

关于三级裂缝控制等级即最大裂缝宽度控制等级的分析将在第七章中展开，本章只进行一、二级裂缝控制等级构件的抗裂性能讨论，然而，在进行抗裂性能检验时，其检验系数实测值需根据开裂荷载实测值与荷载标准值的比值确定，而对于一级控制等级来说，因为构件不会开裂，也就不会存在开裂荷载，不属于开裂性能的研究范畴。因此，本章的研究内容主要是针对第二等级的裂缝控制以及环境类别为二 a 类的预应力混凝土构件进行的。

因此，对于预应力混凝土受弯构件，其正截面抗裂性能的概率模型可表达为：

$$R = K(\sigma_{pc} + f_t) W_0 \tag{6-5}$$

式中 K——抗裂性能计算模式不确定系数；

f_t——混凝土轴心抗拉强度；

W_0——构件换算截面对抗裂验算截面边缘的弹性抵抗矩。

在式（5-5）中，σ_{pc} 为由预加力产生的截面边缘混凝土法向应力，按照材料力学给出的偏心受压构件应力计算公式计算，预加力应扣除全部预应力损失。对先张法构件采用换算截面几何特性；对后张法构件采用净截面几何性质。计算预加力引起的应力时，由轴力产生的应力可按受压翼缘全宽计算，由弯矩产生的应力可按照翼缘的有效宽度计算。

由预加力产生的构件抗裂验算边缘混凝土的有效预压应力 σ_{pc}，应按下列公式进行计算：

（1）先张法构件

$$\sigma_{pc} = \frac{N_{p0}}{A_0} \pm \frac{N_{p0} e_{p0}}{I_0} y_0 = \frac{N_{p0}}{A_0} \pm \frac{N_{p0} e_{p0}}{W_0} \tag{6-6}$$

（2）后张法构件

$$\sigma_{pc} = \frac{N_p}{A_n} \pm \frac{N_p e_{pn}}{I_n} y_n + \sigma_{p2} = \frac{N_p}{A_n} \pm \frac{N_p e_{pn}}{W_n} + \sigma_{p2} \tag{6-7}$$

式中 A_n——净截面面积，即扣除孔道、凹槽等削弱部分以外的混凝土全部截面面积及纵向非预应力筋截面面积换算成混凝土的截面面积之和，对由不同混凝土强度等级组成的截面，应根据混凝土弹性模量比值换算成同一混凝土强度等级的截面面积；

A_0——换算截面面积，包括净截面面积以及全部纵向预应力筋截面面积换算成混凝土的截面面积；

I_0、I_n——换算截面惯性矩、净截面惯性矩；

e_{p0}、e_{pn}——换算截面重心、净截面重心至预加力作用点的距离；

y_0、y_n——换算截面重心、净截面重心至所计算纤维处的距离；

W_0、W_n——按翼缘有效宽度计算的构件抗裂验算截面边缘换算截面弹性抵抗矩、净截面抵抗矩；

N_{p0}、N_p——先张法构件、后张法构件的预加力；

σ_{p2}——由预应力次内力引起的混凝土截面法向应力。

按上述内容，对预应力混凝土受弯构件，其正截面抗裂性能的概率模型为：

$$R=K\left(\frac{N_{p0}}{A_0}\pm\frac{N_{p0}e_{p0}}{W_0}+f_t\right)W_0 \qquad (6-8)$$

$$R=K\left(\frac{N_p}{A_n}\pm\frac{N_p e_{pn}}{W_n}+\sigma_{p2}+f_t\right)W_0 \qquad (6-9)$$

为了简单起见，本文计算时暂不考虑由预应力次内力引起的混凝土截面法向应力 σ_{p2}，且不考虑孔道、凹槽等削弱部分对构件截面的影响。这样，预应力混凝土受弯构件正截面抗裂性能的概率模型可统一表达为：

$$R=K\left(\frac{\sigma_{pe}A_p}{A_0}+\frac{\sigma_{pe}A_p e_{p0}}{W_0}+f_t\right)W_0 \qquad (6-10)$$

式中 K——抗裂性能计算模式不确定系数；

A_p——预应力筋截面面积；

σ_{pe}——预应力筋的有效预应力。

6.2 受弯构件抗裂性能检验的基本表达式

根据以上建立的预应力混凝土受弯构件正截面抗裂性能的概率模型，编制计算程序，使得通过输入影响构件抗裂性能随机变量的均值、均值系数和变异系数，就可得到预应力混凝土构件抗裂性能检验基本表达式中的变异系数、保证率，以便确定抗裂性能检验系数允许值。

6.2.1 变异系数及保证率

根据6.1节中建立的抗裂性能的概率模型，认为式(6-10)中的变量 K、σ_{pe}、A_p、A_0、e_{p0}、W_0、f_t 是相互独立的随机变量，根据误差传递公式，有

$$\delta_R^2=\delta_K^2+\frac{1}{\mu_R^2}\left[\left(\left.\frac{\partial R}{\partial\sigma_{pe}}\right|_\mu\cdot\mu_{\sigma_{pe}}\right)^2\delta_{\sigma_{pe}}^2+\left(\left.\frac{\partial R}{\partial A_p}\right|_\mu\cdot\mu_{A_p}\right)^2\delta_{A_p}^2+\left(\left.\frac{\partial R}{\partial A_0}\right|_\mu\cdot\mu_{A_0}\right)^2\delta_{A_0}^2\right.$$

$$+\left(\frac{\partial R}{\partial e_{p0}}\bigg|_{\mu}\cdot\mu_{e_{p0}}\right)^2\delta_{e_{p0}}^2+\left(\frac{\partial R}{\partial W_0}\bigg|_{\mu}\cdot\mu_{W_0}\right)^2\delta_{W_0}^2+\left(\frac{\partial R}{\partial f_t}\bigg|_{\mu}\cdot\mu_{f_t}\right)^2\delta_{f_t}^2\right] \tag{6-11}$$

其中 R 的均值为

$$\mu_R=\mu_K\left(\frac{\mu_{\sigma_{pe}}\mu_{A_p}}{\mu_{A_0}}+\frac{\mu_{\sigma_{pe}}\mu_{A_p}\mu_{e_{p0}}}{\mu_{W_0}}+\mu_{f_t}\right)\mu_{W_0} \tag{6-12}$$

相关的偏导数分别为

$$\frac{\partial R}{\partial K}\bigg|_{\mu}=\left(\frac{\mu_{\sigma_{pe}}\mu_{A_p}}{\mu_{A_0}}+\frac{\mu_{\sigma_{pe}}\mu_{A_p}\mu_{e_{p0}}}{\mu_{W_0}}+\mu_{f_t}\right)\mu_{W_0} \tag{6-13}$$

$$\frac{\partial R}{\partial \sigma_{pe}}\bigg|_{\mu}=\mu_K\left(\frac{\mu_{A_p}}{\mu_{A_0}}+\frac{\mu_{A_p}\mu_{e_{p0}}}{\mu_{W_0}}\right)\mu_{W_0} \tag{6-14}$$

$$\frac{\partial R}{\partial A_p}\bigg|_{\mu}=\mu_K\left(\frac{\mu_{\sigma_{pe}}}{\mu_{A_0}}+\frac{\mu_{\sigma_{pe}}\mu_{e_{p0}}}{\mu_{W_0}}\right)\mu_{W_0} \tag{6-15}$$

$$\frac{\partial R}{\partial A_0}\bigg|_{\mu}=-\mu_K\frac{\mu_{\sigma_{pe}}\mu_{A_p}}{\mu_{A_0}^2}\mu_{W_0} \tag{6-16}$$

$$\frac{\partial R}{\partial e_{p0}}\bigg|_{\mu}=\mu_K\mu_{\sigma_{pe}}\mu_{A_p} \tag{6-17}$$

$$\frac{\partial R}{\partial W_0}\bigg|_{\mu}=\mu_K\left(\frac{\mu_{\sigma_{pe}}\mu_{A_p}}{\mu_{A_0}}+\mu_{f_t}\right) \tag{6-18}$$

$$\frac{\partial R}{\partial f_t}\bigg|_{\mu}=\mu_K\mu_{W_0} \tag{6-19}$$

假定抗裂性能 R 服从对数正态分布，则其设计值 R_d 的保证率为

$$p=P\{R>R_d\}=1-\Phi\left[\frac{\ln R_d-\ln\dfrac{\mu_R}{\sqrt{1+\delta_R^2}}}{\sqrt{\ln(1+\delta_R^2)}}\right]=\Phi\left[-\frac{\ln(\dfrac{R_d}{\mu_R}\sqrt{1+\delta_R^2})}{\sqrt{\ln(1+\delta_R^2)}}\right] \tag{6-20}$$

其中抗裂性能的设计值 R_d 为

$$R_d=\mu_K\left(\frac{\mu_{\sigma_{pe}}\mu_{A_p}}{\mu_{A_0}}+\frac{\mu_{\sigma_{pe}}\mu_{A_p}\mu_{e_{p0}}}{\mu_{W_0}}+\frac{\mu_{f_t}}{\chi_{f_t}}\right)\mu_{W_0} \tag{6-21}$$

在式（6-11）~式（6-21）中

μ_X——结构构件中各相应变量的均值；

χ_X——结构构件中各相应变量的均值系数；

δ_X——结构构件中各相应变量的变异系数。

6.2.2　基本表达式

对于预应力混凝土构件，根据 3.2 节内容，按规范要求对其正截面抗裂性能根据基于概率的检验方法进行检验时，应满足

$$\kappa_{cr}^0 \geqslant [\kappa_{cr}] \tag{6-22}$$

$$\kappa_{cr}^0 = \left(\prod_{i=1}^n \gamma_{cr,i}^0\right)^{\frac{1}{n}} \tag{6-23}$$

其中

$$\gamma_{cr,i}^0 = \frac{R_i}{R_d} \tag{6-24}$$

$$[\kappa_{cr}] = \exp\left\{\left(\frac{z_C}{\sqrt{n}}+k\right)\sqrt{\ln(1+\delta_R^2)}\right\} \tag{6-25}$$

式中　i——构件抗裂性能检验的试件个数，一般取 1~3 个试件进行试验；

R_i——各试件所对应的开裂荷载实测值；

$\gamma_{cr,i}^0$——第 i 个试件开裂荷载实测值与荷载标准值（均包括自重）的比值，其值与目前检验方法中抗裂检验系数实测值相同，可称之为构件的抗裂检验系数实测值；

κ_{cr}^0——$\gamma_{cr,1}^0$、$\gamma_{cr,2}^0$、$\gamma_{cr,3}^0$ 的几何平均值，从某种角度反映了各构件抗裂检验系数实测值的平均水平；

$[\kappa_{cr}]$——代表了对该几何平均值的要求，亦可称之为构件的抗裂检验系数允许值，可根据具体试件抗裂性能的概率特性、抗裂性能设计值的保证率以及设计规范或设计要求的最低保证率和统计推断中的置信水平确定；

k——可根据抗裂性能设计值的保证率确定；

δ_R——抗裂性能的变异系数。

对于抗裂性能，无需按设计要求进行检验。

6.3　检验系数允许值

基于预应力混凝土受弯构件正截面抗裂性能的概率模型，已建立构件抗裂性能检验的基本表达式。本节将根据 6.2 节内容，进一步确定抗裂性能检验基本表达式中检验系数允许值的具体数值，以建立实用的基于概率的受弯构件抗裂性能检验方法。首先，讨论抗裂性能概率模型中各基本变量的取值，包括其平均值、均值系数和变异系数；然后，通过编制的程序计算抗裂性能在各种设定情况下的

变异系数及保证率；最后，通过各因素对抗裂性能检验基本表达式中检验系数允许值的影响情况，得到检验系数允许值的代表值，建立完整的基于概率的抗裂性能检验方法。

6.3.1 基本参数的确定

1. 有效预应力 σ_{pe} 的数值

根据《混凝土结构设计规范》（GB 50010—2010），预应力筋的有效应力可按下列公式计算：

（1）先张法构件

$$\sigma_{pe} = \sigma_{con} - \sigma_l - \alpha_E \sigma_{pc} \tag{6-26}$$

（2）后张法构件

$$\sigma_{pe} = \sigma_{con} - \sigma_l \tag{6-27}$$

式中　σ_{con}——预应力筋的张拉控制应力；

σ_l——预应力筋的预应力损失值；

α_E——钢筋弹性模量与混凝土弹性模量的比值：$\alpha_E = E_s/E_c$；

σ_{pc}——预加力产生的混凝土法向应力。

预应力筋的张拉控制应力 σ_{con} 应符合下列规定：

（1）消除应力钢丝、钢绞线

$$\sigma_{con} \leqslant 0.75 f_{ptk} \tag{6-28}$$

（2）中强度预应力钢丝

$$\sigma_{con} \leqslant 0.70 f_{ptk} \tag{6-29}$$

（3）预应力螺纹钢筋

$$\sigma_{con} \leqslant 0.85 f_{pyk} \tag{6-30}$$

式中　f_{ptk}——预应力筋极限强度标准值；

f_{pyk}——预应力螺纹钢筋屈服强度标准值。

引起预应力损失的因素很多，产生的时间也不尽相同，先张法和后张法预应力损失的项目也不完全一致。在预应力钢筋的应力计算时，一般应考虑由下列因素引起的预应力损失，即：①预应力筋钢筋与孔道壁之间摩擦引起的预应力损失；②预应力钢筋回缩与构件拼接缝压密引起的预应力损失；③预应力钢筋和张拉台座之间温差引起的预应力损失；④混凝土弹性压缩引起的预应力损失；⑤预应力钢筋松弛引起的预应力损失；⑥混凝土收缩和徐变引起的预应力损失。此外，还需根据实际情况考虑可能出现的预应力损失，如预应力钢筋与锚圈口之间的摩擦等其他因素引起的预应力损失。上述六项是常见的预应力损失，也大致根据预应力损失出现的先后次序编号,计算时应根据所采用的工艺(先张法和后张法)选择相应的损失项目。若有可能,预应力损失最好根据试验数据确定。总之,预应力损失值的计算是比较复杂的。通过对预应力总损失的实例分析,文献[97]指出:预应力损失均值约占张拉控制应力均值的22.2%。这表明工程设计规范中一般按20%对预应力损失进行估算是合理的。而潘钻峰等人在文献[98]中指出:预应力总损失一般占张拉控制应力的25%～30%。综合考虑,本文计算时,认为预应力总损失占张拉控制应力的20%～30%,即取 $\sigma_l = (0.2 \sim 0.3)\sigma_{con}$。

本文旨在确定抗裂性能检验时的检验系数允许值代表值,即在计算过程中只需确定各变量的变化范围。因此,为了简单起见,有效预应力 σ_{pe} 可按下列公式计算:

(1) 消除应力钢丝、钢绞线

$$\sigma_{pe} = 0.75 \times (0.7 \sim 0.8) f_{ptk} \tag{6-31}$$

(2) 中强度预应力钢丝

$$\sigma_{pe} = 0.70 \times (0.7 \sim 0.8) f_{ptk} \tag{6-32}$$

(3) 预应力螺纹钢筋

$$\sigma_{pe} = 0.85 \times (0.7 \sim 0.8) f_{pyk} \tag{6-33}$$

经计算,对于中强度预应力钢丝: $\sigma_{pe} = 392 \sim 711.2 \text{N/mm}^2$;对于消除应力钢丝: $\sigma_{pe} = 771.75 \sim 1116 \text{N/mm}^2$;对于钢绞线: $\sigma_{pe} = 824.25 \sim 1176 \text{N/mm}^2$;对于预应力螺纹钢筋: $\sigma_{pe} = 467.08 \sim 734.4 \text{N/mm}^2$。

2. 各基本变量的统计参数

结构构件抗裂性能概率模型中的基本变量有 K、σ_{pe}、A_p、A_0、e_{p0}、W_0、f_t,根据目前有关文献中的统计资料,列出其统计参数,见表6-1。

需要说明的是,目前关于抗裂性能概率模型计算模式不确定系数的研究较少,且多数为桥梁结构方面的,未见其统计参数,因此本文计算时暂按赵国藩等人提出的和文献[110]中的情况进行考虑,即有 $\chi_K = 0.98$ 和 $\delta_K = 0.19$。其余变量 σ_{pe}、A_p、A_0、e_{p0}、W_0 的统计参数参见文献[111-113]中的数值。关于混凝土轴心抗拉强度 f_t 的均值系数 χ_{f_t} 和变异系数 δ_{f_t},这里近似认为混凝土轴心抗拉强度的变异系数 δ_{f_t} 与混凝土立方体抗压强度的变异系数 $\delta_{f_{cu}}$ 相等,同时认为轴心抗拉强度服从正态分布,且均值系数可按下式计算:

$$\chi_{f_t} = \frac{1}{1 - 1.645\delta_{f_t}} \tag{6-34}$$

表 6-1   各基本变量的统计参数

基本变量	符号	类型	均值系数 χ=平均值/标准值	变异系数 δ_X
抗裂性能计算模式不确定系数	K	—	0.98	0.19
有效预应力/(N/mm^2)	σ_{pe}	—	1	0.04
预应力筋截面面积/mm^2	A_p	—	1	0.0125
换算后的混凝土截面面积/mm^2	A_0	—	1	0.08
截面重心至预加力作用点的距离/mm	e_{p0}	—	1	0.006
抗裂验算截面边缘换算截面弹性抵抗矩/mm^3	W_0	—	1	0.0064
混凝土轴心抗拉强度/(N/mm^2)	f_t	C40	1.25	0.12
		C45	1.25	0.12
		C50	1.22	0.11
		C55	1.22	0.11
		C60	1.20	0.10

6.3.2   影响检验系数允许值的参数分析

对预应力混凝土受弯构件的抗裂性能检验来说，影响其检验系数允许值的参数有 σ_{pe}、A_p、A_0、e_{p0}、W_0、f_t 等因素。考虑到构件截面形状对抗裂性能的概率模型无影响，为方便起见，分析时以工程中常见的矩形截面为例，考虑构件截面宽度 $b=200\sim500$mm，截面高度 $h=400\sim1000$mm，截面重心至预加力作用点的距离 e_{p0} 最大值按截面高度的一半考虑，最小值按 100mm 考虑，即 $e_{p0}=100\sim200/500$mm，预应力筋配筋率、非预应力筋配筋率取值同 5.3.1 节内容，即 $\rho_{A_p}=0.6\%\sim1.5\%$、$\rho_{A_s}=0\sim1.5\%$。为考察以上各因素对检验系数允许值的影响程度，考虑比较有代表性的情况，选取 $b=350$mm，截面高度 $h=600$mm，截面重心至预加力作用点的距离 $e_{p0}=300$mm，预应力筋配筋率 $\rho_{A_p}=1.0\%$，非预应力筋配筋率 $\rho_{A_s}=0.8\%$，采用 C45 混凝土、配置 $f_{ptk}=800$MPa 的中强度预应力钢丝的预应力混凝土受弯构件为"基准构件"。下面对这些影响因素一一进行分析，并将检验系数允许值变化趋势列于图 6-1~图 6-7，为方便起见，以只检验一个试件得到的检验系数允许值为例，并考虑置信水平 $C=0.75$。

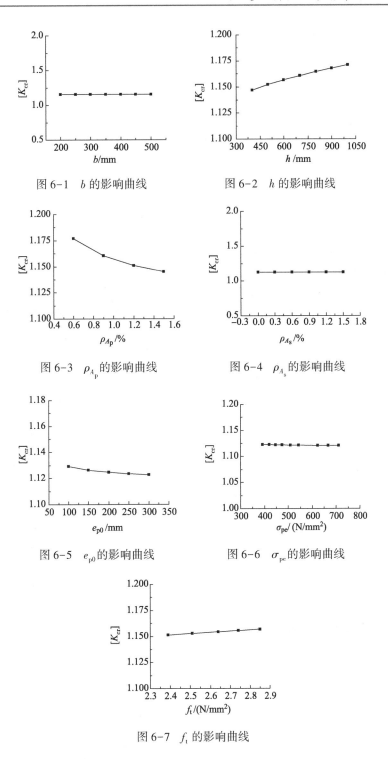

图 6-1 b 的影响曲线

图 6-2 h 的影响曲线

图 6-3 ρ_{A_p} 的影响曲线

图 6-4 ρ_{A_s} 的影响曲线

图 6-5 e_{p0} 的影响曲线

图 6-6 σ_{pe} 的影响曲线

图 6-7 f_t 的影响曲线

由图 6-1~图 6-7 可以看出：构件截面宽度、高度和非预应力筋配筋率对抗裂性能检验系数无影响；预应力筋配筋率影响较大，随着预应力筋配筋率从 0.6% 增大到 1.5%，检验系数允许值下降了 6.1%；截面重心至预加力作用点的距离影响较小，随着 e_{p0} 从 100mm 增大到 300mm，检验系数允许值下降了 0.6%；随着 σ_{pe} 从 392N/mm² 增大到 711.2N/mm²，检验系数允许值下降了 0.2%；随着 f_t 从 2.39N/mm² 增大到 2.85N/mm²，检验系数允许值下降了 0.52%。总之，抗裂性能检验系数允许值的数值变化范围不大，数值较集中。

6.3.3 检验系数允许值

在 6.3.2 节中，已经对影响抗裂性能检验基本表达式中的检验系数允许值的各因素进行了分析，为了得到检验系数允许值，让这些影响因素先后取"低值"和"高值"，大体覆盖常用受弯构件的范围。每次变动一个值进行计算，最后再让使检验系数允许值 $[\kappa_{cr}]$ 增大和减小的所有因素结合在一起，计算出"最大的" $[\kappa_{cr}]$ 和"最小的" $[\kappa_{cr}]$。将计算过程中涉及的抗裂性能变异系数及保证率的代表值列于表 6-2，按置信水平 $C = 0.75$ 确定的检验系数允许值的计算值列于表 6-3。

从表 6-2 可以看出，对配置不同预应力钢筋类型的预应力钢筋混凝土受弯构件，其抗裂性能的变异系数和保证率数值均较集中。因此，取其变异系数 $\delta = 0.20$，而设计值保证率偏保守地取 $p = 0.55$。通过表 6-3 可以看出，目前规范中的抗裂性能检验系数允许值与实际构件的具体情况有关，即需根据预加力产生的构件抗拉边缘混凝土法向应力、混凝土构件截面抵抗矩塑性影响系数、混凝土抗拉强度标准值及荷载标准值产生的构件抗拉边缘混凝土法向应力来确定。有学者统计，实际的 $[\gamma_{cr}]$ 大约在 1.19~1.32 之间。而根据本文方法得到的抗裂检验系数允许值范围为 1.07~1.17，数值偏小，说明文中考虑的置信水平 $C = 0.75$ 偏低。为与现行检验标准的风险水平基本保持一致，避免基于概率的检验方法的结果与现行检验方法的结果存在过大差异，需对置信水平 C 进行校准，即令现行检验方法的结果与基于概率的检验方法的结果相同，据此确定现行检验标准的等效置信水平，并针对各情况规定统一的置信水平，以保证与现行检验标准的风险水平基本一致，检验结果之间无过大差异。表 6-4 列出了按变异系数 $\delta = 0.20$、设计值保证率 $p = 0.55$ 以及按现行检验方法中 $[\gamma_{cr}] = 1.19~1.32$ 得到的置信水平的数值。

表 6-2 抗裂性能变异系数及保证率代表值

钢筋类型	$f_{ptk}/f_{pyk}/(N/mm^2)$	变异系数	保证率/%
中强度预应力钢丝	800 970 1270	0.195	48.9~55.6

续表

钢筋类型	$f_{ptk}/f_{pyk}/(\text{N/mm}^2)$	变异系数	保证率/%
消除应力钢丝	1470 1570 1860	0.195	47.9~51.6
钢绞线	1570 1720 1860 1960	0.195	47.8~51.3
预应力螺纹钢筋	980 1080 1230	0.195	48.8~54.4

表6-3 抗裂性能的检验系数允许值计算值

钢筋类型	检验系数允许值			
	规范	本文		
		$[\kappa_{cr}]_{n=1}$	$[\kappa_{cr}]_{n=2}$	$[\kappa_{cr}]_{n=3}$
中强度预应力钢丝		1.13~1.17	1.09~1.13	1.07~1.11
消除应力钢丝	$0.95\dfrac{\sigma_{pc}+\gamma f_{tk}}{\sigma_{ck}}$	1.13~1.15	1.09~1.10	1.07~1.09
钢绞线		1.13~1.15	1.09~1.10	1.07~1.08
预应力螺纹钢筋		1.13~1.16	1.09~1.12	1.07~1.10

表6-4 抗裂性能检验的等效置信水平

检验系数允许值 ＼ 样本容量	1	2	3
1.19	0.774	0.819	0.823
1.20	0.787	0.835	0.842
1.21	0.799	0.849	0.860
1.22	0.810	0.863	0.876
1.23	0.821	0.875	0.891
1.24	0.832	0.887	0.904
1.25	0.842	0.898	0.916
1.26	0.851	0.908	0.926
1.27	0.860	0.917	0.936
1.28	0.869	0.925	0.944
1.29	0.877	0.933	0.952
1.30	0.885	0.940	0.959
1.31	0.892	0.946	0.964
1.32	0.899	0.952	0.969

为了工程应用上的方便，取表6-4中各列的均值作为置信水平的代表值，即 $n=1$ 时，$C=0.85$；$n=2$ 时，$C=0.90$；$n=3$ 时，$C=0.90$。与此相应的抗裂性能检验系数允许值则分别为 $[\kappa_{cr}]_{n=1}=1.25$；$[\kappa_{cr}]_{n=2}=1.23$；$[\kappa_{cr}]_{n=3}=1.20$。

6.3.4 实例分析

已知一批后张法预应力混凝土矩形截面简支梁，截面尺寸为 $b\times h=400\text{mm}\times1200\text{mm}$，跨度 $l=18\text{m}$，见图6-8(a)。梁上承受恒荷载标准值 $g_k=22\text{kN/m}$，活荷载标准值 $q_k=14\text{kN/m}$。梁内配置有黏结 1×7 标准型低松弛钢绞束 ψ^s，混凝土强度等级为 C40（$f_{tk}=2.39\text{ N/mm}^2$）。其主要参数如下：预应力钢筋的截面面积 $A_p=2072.7\text{ mm}^2$，有效预应力 $\sigma_{pe}=1080\text{ N/mm}^2$，预加力偏心距 $e_p=500\text{mm}$，截面受拉边缘处混凝土法向预压应力 $\sigma_{pc}=16.32\text{ N/mm}^2$，梁截面面积 $A_0=4.8\times10^5\text{ mm}^2$，受拉边缘截面抵抗矩 $W_0=9.6\times10^7\text{ mm}^3$，截面抵抗矩塑性系数 $\gamma=1.24$。预应力筋线形布置见图6-8(b)。裂缝控制等级为二级，即一般要求不出现裂缝，一类使用环境。试评定该预应力梁抗裂性能是否满足设计规范裂缝控制的要求。

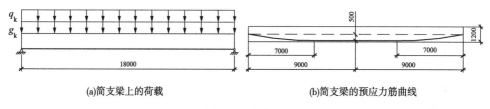

(a)简支梁上的荷载   (b)简支梁的预应力筋曲线

图6-8 实例图

解：（1）第一个试件的检验结果即可符合检验要求的情况：抽取一个试件进行抗裂检验时，跨中垂直截面开裂弯矩实测值为2204kN·m。

① 目前检验方法

跨中恒载产生的弯矩标准值

$$M_{G_k}=g_k l^2/8=22\times18^2/8=891\text{kN}\cdot\text{m}$$

跨中活载产生的弯矩标准值

$$M_{Q_k}=q_k l^2/8=14\times18^2/8=567\text{kN}\cdot\text{m}$$

跨中弯矩的标准组合值

$$M_k=M_{G_k}+M_{Q_k}=891+567=1458\text{kN}\cdot\text{m}$$

由荷载标准值产生的构件抗拉边缘混凝土法向应力

$$\sigma_{ck}=\frac{M_k}{W_0}=\frac{1458\times10^6}{9.6\times10^7}=15.2\text{N/mm}^2$$

因此

$$[\gamma_{cr}] = 0.95\frac{\sigma_{pc} + \gamma f_{tk}}{\sigma_{ck}}$$

$$= 0.95 \times \frac{16.32 + 1.24 \times 2.39}{15.2} = 1.206$$

有

$$\gamma_{cr}^{0} = \frac{M_{cr}}{M_k} = \frac{2204}{1458} = 1.512 > [\gamma_{cr}] = 1.206$$

结论：该批预应力梁正截面抗裂性能满足要求。

② 基于概率的构件性能检验方法

当抽样检验数量 $n = 1$ 时，抗裂检验系数允许值为 $[\kappa_{cr}]_{n=1} = 1.25$，有

$$\kappa_{cr}^{0} = \gamma_{cr,1}^{0} = 1.512 > \gamma_0[\kappa_{cr}]_{n=1} = 1.25$$

结论：该批预应力梁正截面抗裂性能满足要求。

（2）第一个试件的检验结果不能符合检验要求，但又能符合第二次检验要求的情况：抽取一个试件进行抗裂检验时，跨中垂直截面开裂弯矩实测值为 1700kN·m。

① 目前检验方法

按目前检验方法，抗裂检验系数实测值

$$\gamma_{cr,1}^{0} = \frac{M_{cr1}}{M_k} = \frac{1700}{1458} = 1.166$$

所以，$1.156 < \gamma_{cr,1}^{0} = 1.166 < [\gamma_{cr}] = 1.206$，可进行第二次抽样。

抽取第二个试件进行检验，跨中垂直截面开裂弯矩实测值为 1794kN·m。

抗裂检验系数实测值

$$\gamma_{cr,2}^{0} = \frac{M_{cr2}}{M_k} = \frac{1794}{1458} = 1.23$$

有

$$\gamma_{cr,2}^{0} = 1.23 > [\gamma_{cr}] = 1.206$$

结论：该批预应力梁正截面抗裂性能满足要求。

② 基于概率的构件性能检验方法

当抽样检验数量 $n = 2$ 时，抗裂检验系数允许值为 $[\kappa_{cr}]_{n=2} = 1.23$，有

$$\kappa_{cr}^{0} = (\gamma_{cr,1}^{0} \cdot \gamma_{cr,2}^{0})^{\frac{1}{2}} = 1.19 < [\kappa_{cr}]_{n=2} = 1.23$$

结论：该批预应力梁正截面抗裂性能不满足要求。

（3）第一个试件的检验结果不能符合检验要求，但又能符合第二次检验要求的情况：抽取一个试件进行抗裂检验时，跨中垂直截面开裂弯矩实测值为 1700kN·m。

①目前检验方法

按目前检验方法，抗裂检验系数实测值

$$\gamma_{cr,1}^0 = \frac{M_{cr1}}{M_k} = \frac{1700}{1458} = 1.166$$

所以，$1.156 < \gamma_{cr,1}^0 = 1.166 < [\gamma_{cr}] = 1.206$，可进行第二次抽样。

抽取第二个试件进行检验，跨中垂直截面开裂弯矩实测值为 1694kN·m。

抗裂检验系数实测值

$$\gamma_{cr,2}^0 = \frac{M_{cr2}}{M_k} = \frac{1694}{1458} = 1.162$$

所以，$1.156 < \gamma_{cr,2}^0 = 1.162 < [\gamma_{cr}] = 1.206$，尚需抽取一个试件进行检验。

抽取第三个试件进行检验，跨中垂直截面开裂弯矩实测值为 1768kN·m。

抗裂检验系数实测值

$$\gamma_{cr,2}^0 = \frac{M_{cr2}}{M_k} = \frac{1768}{1458} = 1.213$$

所以，$\gamma_{cr,3}^0 = 1.213 > [\gamma_{cr}] = 1.206$

结论：该批预应力梁正截面抗裂性能满足要求。

② 构件性能试验检验概率方法

当抽样检验数量 $n = 3$ 时，抗裂检验系数允许值为 $[\kappa_{cr}]_{n=3} = 1.20$

有 $\kappa_{cr}^0 = (\gamma_{cr,1}^0 \cdot \gamma_{cr,2}^0 \cdot \gamma_{cr,3}^0)^{\frac{1}{3}} = 1.18 < [\kappa_{cr}]_{n=3} = 1.20$

结论：该批预应力梁正截面抗裂性能不满足要求。

从以上结果可以看出，当目前的检验系数允许值为 1.206 时，现行检验标准中隐含的置信水平小于文中给出的置信水平建议值，因此按文中方法检验结果偏于严格。

 **受弯构件挠度检验方法**

结构构件的承载能力极限状态关系到其安全性，受到了人们的足够重视，但是关于结构的变形问题常常被忽略。实际上，构件的过大变形对结构的正常使用往往会带来不利的影响和严重的后果。钢筋混凝土构件在使用阶段应具有足够的刚度，以免变形过大而影响结构的正常使用，因此，对正常使用极限状态下的挠度问题也应给予重点关注，对其进行试验检验，使构件在荷载标准值下的挠度实测值不超过挠度检验的允许值。挠度的检验允许值是根据实践经验确定的，它主要取决于使用要求和结构的观瞻，我国规范将其列为正常使用极限状态要求的一项检验项目，但目前的检验方法缺乏结构可靠度理论和统计学的基础，未直接反映设计规范对构件性能的可靠度要求，未全面考虑构件性能变异性的影响，且未直接按设计规范的可靠度要求判定构件的性能。

7.1 结构构件挠度的计算

在结构构件的使用期间，各种荷载的作用都将产生相应的变形，一般小的变形不会影响结构的正常使用，但过大的变形往往会改变结构的内力或承载力，影响建筑物的使用性能，引起相连建筑部件的损伤，造成人们心理的不安全感，甚至影响结构的安全性。因此，应对受弯构件的最大挠度进行检验，并按检验允许值加以限制。

7.1.1 最大挠度允许值

为了保证结构在使用过程中不产生过大的变形，应对使用荷载作用阶段梁的挠度值加以限制。《混凝土结构设计规范》（GB 50010—2010）规定，钢筋混凝土受弯构件的最大挠度应按荷载的准永久组合，预应力混凝土受弯构件的最大挠度应按荷载的标准组合，并均应考虑荷载长期作用的影响按照结构力学方法进行计算，且其计算值不应超过表7-1规定的挠度限值。

表 7-1　受弯构件的挠度限值

构件类型		挠度限值
吊车梁	手动吊车	$l_n/500$
	电动吊车	$l_0/600$
屋盖、楼盖及楼梯构件	当 $l_0<7\mathrm{m}$ 时	$l_0/200(l_0/250)$
	当 $7\mathrm{m}\leqslant l_0\leqslant 9\mathrm{m}$ 时	$l_0/250(l_0/300)$
	当 $l_0>9\mathrm{m}$ 时	$l_0/300(l_0/400)$

注：①表中 l_0 为构件的计算跨度，计算悬臂构件的挠度限值时，其计算跨度 l_0 按实际悬臂长度的 2 倍取用；

②表中括号内的数值适用于使用上对挠度有较高要求的构件；

③如果构件制作时预先起拱，且使用上也允许，则在验算挠度时，可将计算所得的挠度值减去起拱值，对预应力混凝土构件，尚可减去预加力所产生的反拱值；

④构件制作时的起拱值和预加力所产生的反拱值，不宜超过构件在相应荷载组合作用下的计算挠度值。

7.1.2　挠度计算中各参数的表达式

1. 刚度计算

在等截面构件中，可假定各同号弯矩区段内的刚度相等，并取用该区段内最大弯矩处的刚度。当计算跨度内的支座截面刚度不大于跨中截面刚度的 2 倍或不小于跨中截面刚度的 1/2 时，该跨也可按等刚度构件进行计算，其构件刚度可取跨中最大弯矩截面的刚度。

矩形、T 形、倒 T 形和 I 形截面受弯构件考虑荷载长期作用影响的刚度 B 可按下列规定计算：

（1）采用荷载标准组合时

$$B = \frac{M_k}{M_q(\theta-1)+M_k}B_s \tag{7-1}$$

（2）采用荷载准永久组合时

$$B = \frac{B_s}{\theta} \tag{7-2}$$

式中　M_k——按荷载的标准组合计算的弯矩，取计算区段内的最大弯矩值；

M_q——按荷载的准永久组合计算的弯矩，取计算区段内的最大弯矩值；

B_s——按荷载准永久组合计算的钢筋混凝土受弯构件或按标准组合计算的预应力混凝土受弯构件的短期刚度；

θ——考虑荷载长期作用对挠度增大的影响系数。

钢筋混凝土受弯构件和预应力混凝土受弯构件的短期刚度 B_s，可按下列公式计算：

（1）钢筋混凝土受弯构件

$$B_s = \frac{E_s A_s h_0^2}{1.15\psi + 0.2 + \dfrac{6\alpha_E \rho}{1 + 3.5\gamma'_f}} \qquad (7\text{-}3)$$

其中

$$\psi = 1.1 - 0.65 \frac{f_{tk}}{\rho_{te}\sigma_s} \qquad (7\text{-}4)$$

（2）预应力混凝土受弯构件

① 要求不出现裂缝的构件

$$B_s = 0.85 E_c I_0 \qquad (7\text{-}5)$$

② 允许出现裂缝的构件

$$B_s = \frac{0.85 E_c I_0}{\kappa_{cr} + (1 - \kappa_{cr})\omega} \qquad (7\text{-}6)$$

$$\kappa_{cr} = \frac{M_{cr}}{M_k} \qquad (7\text{-}7)$$

$$\omega = \left(1 + \frac{0.21}{\alpha_E \rho}\right)(1 + 0.45\gamma_f) - 0.7 \qquad (7\text{-}8)$$

$$M_{cr} = (\sigma_{pc} + \gamma f_{tk}) W_0 \qquad (7\text{-}9)$$

$$\gamma_f = \frac{(b_f - b) h_f}{b h_0} \qquad (7\text{-}10)$$

式中　ψ——裂缝间纵向受拉普通钢筋应变不均匀系数；

　　　ρ_{te}——按有效受拉混凝土截面面积计算的纵向受拉钢筋配筋率，对无黏结后张构件，仅取纵向受拉普通钢筋计算配筋率；

　　　σ_s——按荷载准永久组合计算的钢筋混凝土构件纵向受拉普通钢筋应力或按标准组合计算的预应力混凝土构件纵向受拉钢筋等效应力；

　　　α_E——钢筋弹性模量与混凝土弹性模量的比值，即 E_s/E_c；

　　　ρ——纵向受拉钢筋配筋率：对钢筋混凝土受弯构件，取为 $A_s/(bh_0)$，对预应力混凝土受弯构件，取为 $(\alpha_1 A_p + A_s)/(bh_0)$，对灌浆的后张预应力筋，取 $\alpha_1 = 1.0$，对无黏结后张预应力筋，取 $\alpha_1 = 0.3$；

　　　I_0——换算截面惯性矩；

　　　γ_f——受拉翼缘截面面积与腹板有效截面面积的比值；

　　　b_f、h_f——受拉区翼缘的宽度、高度；

　　　κ_{cr}——预应力混凝土受弯构件正截面的开裂弯矩 M_{cr} 与弯矩 M_k 的比值，当 $\kappa_{cr} > 1.0$ 时，取 $\kappa_{cr} = 1.0$；

σ_{pc}——扣除全部預應力損失後，由預加力在抗裂驗算邊緣產生的混凝土預壓應力；

γ——混凝土構件的截面抵抗矩塑性影響係數。

2. 撓度長期增大係數

在對受彎構件的撓度進行計算時，由於荷載的長期作用，隨著時間的增長，構件的剛度會有所降低，撓度會增大。這是因為：構件受壓區混凝土將發生徐變，裂縫間受拉混凝土出現應力鬆弛，混凝土與鋼筋之間出現滑移徐變，使混凝土黏結逐漸退出工作，導致受拉鋼筋平均應變和平均應力將隨時間而增大。同時，由於裂縫不斷向上發展，使其中和軸附近原來受拉的混凝土退出工作，並且由於受壓混凝土的塑性發展，使內力臂減小，這也將引起鋼筋應變和應力的增大。以上這些情況都會導致曲率增大、剛度降低。除此之外，因為受壓區與受拉區的混凝土收縮不一致，會使梁發生翹曲，這亦將導致其曲率的增大和剛度的降低。因此，在計算受彎構件撓度時需考慮長期效應的影響，並以撓度長期增長係數 η_θ 來表示。

根據對撓度長期增長係數 η_θ 的研究，對普通鋼筋混凝土構件，有

$$\eta_\theta = \frac{B_s}{B} = \theta \tag{7-11}$$

對預應力混凝土構件，有

$$\eta_\theta = \frac{B_s}{B} = \frac{M_q(\theta-1)+M_k}{M_k} \tag{7-12}$$

式中，θ 為荷載長期作用下撓度增大影響係數，可按下列規定取用：對鋼筋混凝土受彎構件，當 $\rho' = 0$ 時，$\theta = 2.0$；當 $\rho' = \rho$ 時，$\theta = 1.6$；當 ρ' 為中間數值時，θ 按線性內插法取用。此處，$\rho' = A'_s/(bh_0)$，$\rho = A_s/(bh_0)$。對翼緣位於受拉區的倒 T 形截面，θ 應增加 20%；對預應力混凝土受彎構件，$\theta = 2.0$。

對普通鋼筋混凝土構件，$\eta_\theta = 1.6 \sim 2.0$。

對預應力混凝土構件，為了計算 η_θ 的數值，本文選擇了永久荷載+民用建築樓面可變荷載(簡記為 $G+L$)的簡單組合情況考慮，並考慮可變荷載效應與永久荷載效應比值 ρ 的常遇值為 0.1、0.25、0.5、1.0 和 2.0，準永久組合值係數 ψ_q 的常遇值為 0.3、0.4、0.5、0.6 和 0.8，計算出 M_q/M_k 的數值，見表 7-2。

表 7-2　$G+L$ 下 M_q/M_k 的平均取值

準永久組合係數 ψ_q	荷載效應比 ρ					不同 ρ 時對應的均值
	0.1	0.25	0.5	1	2	
0.3	0.94	0.86	0.77	0.65	0.53	0.75
0.4	0.95	0.88	0.80	0.70	0.60	0.79

准永久组合系数 ψ_q	荷载效应比 ρ					不同 ρ 时对应的均值
	0.1	0.25	0.5	1	2	
0.5	0.95	0.90	0.83	0.75	0.67	0.82
0.6	0.96	0.92	0.87	0.80	0.73	0.86
0.8	0.98	0.96	0.93	0.90	0.87	0.93
不同 ψ_q 时对应的均值	0.96	0.90	0.84	0.76	0.68	0.83

将以上得到的 $M_q = 0.83M_k$ 和 θ 值代入公式(7-12)，经调整后即可得到本条预应力混凝土受弯构件的挠度长期增长系数 $\eta_\theta = 1.83$。

7.2 受弯构件挠度检验的概率模型

7.2.1 普通钢筋混凝土构件

根据《混凝土结构试验方法标准》(GB 50152—2012)，试验结构构件宜采用与其实际工作状态相一致的正位试验，且其加载图式应符合计算简图，使结构构件的工作状态与其实际情况比较接近，而且计算比较简单。因此，本文主要考虑的是全部荷载均为标准均布荷载的简支梁情况，参见《混凝土结构试验方法标准》(GB 50152—2012)附录一。对于普通钢筋混凝土受弯构件，根据结构力学和《混凝土结构设计规范》(GB 50010—2010)，均布荷载准永久组合下并考虑长期效应影响时的挠度可按下式计算：

$$a_f = \frac{5M_q l_0^2}{48B} \qquad (7-13)$$

构件检验中，试验荷载持续时间不可能无限延长，无法考虑长期效应的影响，因此有

$$a_s = a_f \frac{B}{B_s} = \frac{5M_q l_0^2}{48B_s} \leqslant \frac{B}{B_s}[a_f] \qquad (7-14)$$

根据式(7-11)，有

$$a_s = \frac{5M_q l_0^2}{48B_s} \leqslant \frac{1}{\theta}[a_f] \qquad (7-15)$$

式中　a_s——受弯构件短期挠度计算值；

　　　l_0——受弯构件的计算跨度；

　　　$[a_f]$——受弯构件最大挠度限值，可根据表7-1数值取用。

将式(7-3)代入式(7-15)，有

$$a_s = \frac{5M_q l_0^2}{48A_s h_0^2} \left[\frac{1.15 \times (1.1 - 0.65 \frac{f_{tk}}{\rho_{te}\sigma_{sq}}) + 0.2}{E_s} + \frac{6\rho}{E_c(1+3.5\gamma'_f)} \right] \quad (7-16)$$

根据《混凝土结构设计规范》（GB 50010—2010），在荷载准永久组合下，钢筋混凝土受弯构件受拉区纵向普通钢筋的应力为

$$\sigma_{sq} = \frac{M_q}{0.87h_0 A_s} \quad (7-17)$$

将式（7-17）代入式（7-16），得

$$a_s = \frac{5 \times 0.87\sigma_{sq} l_0^2}{48h_0} \left[\frac{1.465 - 0.7475 \frac{f_{tk}}{\rho_{te}\sigma_{sq}}}{E_s} + \frac{6\rho}{E_c(1+3.5\gamma'_f)} \right] \quad (7-18)$$

因此，普通钢筋混凝土受弯构件挠度检验的概率模型可表示为

$$a_s = K \frac{5 \times 0.87\sigma_{sq} l_0^2}{48h_0} \left[\frac{1.465 - 0.7475 \frac{f_t}{\rho_{te}\sigma_{sq}}}{E_s} + \frac{6\rho}{E_c(1+3.5\gamma'_f)} \right] \quad (7-19)$$

式中，K 用于表示普通钢筋混凝土受弯构件挠度的计算模式不确定性。

7.2.2　不允许开裂的预应力混凝土构件

对不允许开裂的预应力混凝土构件，其短期刚度可表示为：

$$B_s = 0.85E_c I_0 \quad (7-20)$$

构件检验中，试验荷载持续时间不可能无限延长，无法考虑长期效应的影响，因此有

$$a_s = a_f \frac{B}{B_s} = \frac{5M_k l_0^2}{48B_s} \leqslant \frac{B}{B_s}[a_f] \quad (7-21)$$

这样，不允许开裂的预应力混凝土受弯构件的挠度检验概率模型则可表示为

$$a_s = K \frac{5M_k l_0^2}{48 \times 0.85E_c I_0} \quad (7-22)$$

式中，K 用于表示不允许开裂的预应力混凝土受弯构件挠度的计算模式不确定性。

7.2.3　允许开裂的预应力混凝土构件

同普通钢筋混凝土构件一样，对预应力混凝土构件，本文也考虑的是全部荷载均为标准均布荷载的简支梁情况。根据结构力学和《混凝土结构设计规范》（GB 50010—2010），均布荷载标准组合下并考虑长期效应影响时的挠度可以表

示为：

$$a_f = \frac{5M_k l_0^2}{48B} \quad (7-23)$$

构件检验中，试验荷载持续时间不可能无限延长，即无法考虑长期效应的影响，因此有

$$a_s = a_f \frac{B}{B_s} = \frac{5M_k l_0^2}{48B_s} \leqslant \frac{B}{B_s}[a_f] \quad (7-24)$$

根据式(7-1)，有

$$a_s = \frac{5M_k l_0^2}{48B_s} \leqslant \frac{M_k}{M_q(\theta-1)+M_k}[a_f] \quad (7-25)$$

式中　a_s——受弯构件短期挠度计算值；

　　l_0——受弯构件的计算跨度；

　　$[a_f]$——受弯构件最大挠度限值，可根据表 7-1 数值取用。

对于允许开裂的预应力混凝土构件，将式(7-6)代入式(7-25)，根据式(7-7)、式(7-8)和式(7-9)，有

$$a_s = \frac{5l_0^2}{48\times0.85E_c I_0}\left[(1-\omega)(\sigma_{pc}+\gamma f_{tk})W_0+M_k\omega\right] \quad (7-26)$$

又

$$\sigma_{pc} = \frac{\sigma_{pe}A_p}{A_0}+\frac{\sigma_{pe}A_p e_{pn}}{W_0} \quad (7-27)$$

将式(7-27)代入式(7-26)，得

$$a_s = \frac{5l_0^2}{48\times0.85E_c I_0}\left[(1-\omega)\left(\frac{\sigma_{pe}A_p}{A_0}W_0+\sigma_{pe}A_p e_{pn}+\gamma f_{tk}W_0\right)+M_k\omega\right] \quad (7-28)$$

这样，允许开裂的预应力混凝土受弯构件的挠度检验概率模型可表示为

$$a_s = K\frac{5l_0^2}{48\times0.85E_c I_0}\left[(1-\omega)\left(\frac{\sigma_{pe}A_p}{A_0}W_0+\sigma_{pe}A_p e_{pn}+\gamma f_t W_0\right)+M_k\omega\right] \quad (7-29)$$

式中，K 用于表示允许开裂的预应力混凝土受弯构件挠度的计算模式不确定性。

7.3　受弯构件挠度检验的基本表达式

根据以上建立的普通钢筋混凝土受弯构件和预应力混凝土受弯构件(包括允许开裂和不允许开裂的情况)挠度检验的概率模型，编制计算程序，使得通过输入影响构件挠度随机变量的均值、均值系数和变异系数，就可得到钢筋混凝土构

件挠度检验基本表达式中的变异系数、保证率，以便确定挠度检验系数允许值。

7.3.1 变异系数及保证率

1. 普通钢筋混凝土构件

对于普通钢筋混凝土构件，根据 7.2.1 节内容，将其概率模型函数在各随机变量 X_i 的平均值 μ_X 处作泰勒级数展开，按随机变量函数统计参数的运算法则，其挠度检验的变异系数可以表达为

$$\delta_{a_s}^2 = \delta_K^2 + \frac{1}{\mu_{a_s}^2} \left[\left(\left. \frac{\partial a_s}{\partial f_t} \right|_\mu \cdot \mu_{f_t} \right)^2 \delta_{f_t}^2 + \left(\left. \frac{\partial a_s}{\partial E_s} \right|_\mu \cdot \mu_{E_s} \right)^2 \delta_{E_s}^2 + \left(\left. \frac{\partial a_s}{\partial E_c} \right|_\mu \cdot \mu_{E_c} \right)^2 \delta_{E_c}^2 \right] \quad (7-30)$$

其中的 a_s 均值为

$$\mu_{a_s} = \mu_K \frac{5 \times 0.87 \sigma_{sq} l_0^2}{48 h_0} \left[\frac{1.465 - 0.7475 \dfrac{\mu_{f_t}}{\rho_{te} \sigma_{sq}}}{\mu_{E_s}} + \frac{6\rho}{\mu_{E_c} (1 + 3.5 \gamma'_f)} \right] \quad (7-31)$$

相关的偏导数为

$$\left. \frac{\partial a_s}{\partial K} \right|_\mu = \frac{5 \times 0.87 \sigma_{sq} l_0^2}{48 h_0} \left[\frac{1.465 - 0.7475 \dfrac{\mu_{f_t}}{\rho_{te} \sigma_{sq}}}{\mu_{E_s}} + \frac{6\rho}{\mu_{E_c} (1 + 3.5 \gamma'_f)} \right] \quad (7-32)$$

$$\left. \frac{\partial a_s}{\partial f_t} \right|_\mu = -\mu_K \frac{5 \times 0.87 \sigma_{sq} l_0^2}{48 h_0} \left(0.7475 \frac{1}{\rho_{te} \sigma_{sq} \mu_{E_s}} \right) \quad (7-33)$$

$$\left. \frac{\partial a_s}{\partial E_s} \right|_\mu = -\mu_K \frac{5 \times 0.87 \sigma_{sq} l_0^2}{48 h_0} \left(\frac{1.465 - 0.7475 \dfrac{\mu_{f_t}}{\rho_{te} \sigma_{sq}}}{\mu_{E_s}^2} \right) \quad (7-34)$$

$$\left. \frac{\partial a_s}{\partial E_c} \right|_\mu = -\mu_K \frac{5 \times 0.87 \sigma_{sq} l_0^2}{48 h_0} \left[\frac{6\rho}{\mu_{E_c}^2 (1 + 3.5 \gamma'_f)} \right] \quad (7-35)$$

假定挠度 a_s 服从对数正态分布，则设计值 a_{sd} 的保证率为

$$p = P\{a_s < a_{sd}\} = \Phi \left[\frac{\ln a_{sd} - \ln \dfrac{\mu_{a_s}}{\sqrt{1 + \delta_{a_s}^2}}}{\sqrt{\ln(1 + \delta_{a_s}^2)}} \right] = \Phi \left[\frac{\ln \left(\dfrac{a_{sd}}{\mu_{a_s}} \sqrt{1 + \delta_{a_s}^2} \right)}{\sqrt{\ln(1 + \delta_{a_s}^2)}} \right] \quad (7-36)$$

其中

$$a_{sd} = \frac{5 \times 0.87 \sigma_{sq} l_0^2}{48 h_0} \left[\frac{1.465 - 0.7475 \dfrac{\mu_{f_t}}{\chi_f \rho_{te} \sigma_{sq}}}{\mu_{E_s}} + \frac{6\rho}{\mu_{E_c} (1 + 3.5 \gamma'_f)} \right] \quad (7-37)$$

2. 不允许开裂的预应力混凝土构件

对于不允许开裂的预应力混凝土构件，其挠度检验的变异系数可以表达为

$$\delta_{a_s}^2 = \delta_K^2 + \delta_{E_c}^2 + \delta_{I_0}^2 \qquad (7-38)$$

同样设计值 a_{sd} 的保证率为

$$p = P\{a_s < a_{sd}\} = \Phi\left[\frac{\ln a_{sd} - \ln\dfrac{\mu_{a_s}}{\sqrt{1+\delta_{a_s}^2}}}{\sqrt{\ln(1+\delta_{a_s}^2)}}\right] = \Phi\left[\frac{\ln\left(\dfrac{1}{\mu_K}\sqrt{1+\delta_{a_s}^2}\right)}{\sqrt{\ln(1+\delta_{a_s}^2)}}\right] \qquad (7-39)$$

其中

$$a_{sd} = K\frac{5M_k l_0^2}{48\times0.85\mu_{E_c}\mu_{I_0}} \qquad (7-40)$$

3. 允许开裂的预应力混凝土构件

对于允许开裂的预应力混凝土构件，根据 7.2.3 节内容，将其概率模型函数在各随机变量 X_i 的平均值 μ_{X_i} 处作泰勒级数展开，按随机变量函数统计参数的运算法则，其挠度检验的变异系数可以表达为

$$\delta_{a_s}^2 = \delta_K^2 + \frac{1}{\mu_{a_s}^2}\left[\left(\frac{\partial a_f}{\partial E_c}\Big|_\mu \cdot \mu_{E_c}\right)^2\delta_{E_c}^2 + \left(\frac{\partial a_f}{\partial I_0}\Big|_\mu \cdot \mu_{I_0}\right)^2\delta_{I_0}^2 + \left(\frac{\partial a_f}{\partial \sigma_{pe}}\Big|_\mu \cdot \mu_{\sigma_{pe}}\right)^2\delta_{\sigma_{pe}}^2 + \right.$$
$$\left(\frac{\partial a_f}{\partial A_p}\Big|_\mu \cdot \mu_{A_p}\right)^2\delta_{A_p}^2 + \left(\frac{\partial a_f}{\partial A_0}\Big|_\mu \cdot \mu_{A_0}\right)^2\delta_{A_0}^2 + \left(\frac{\partial a_f}{\partial W_0}\Big|_\mu \cdot \mu_{W_0}\right)^2\delta_{W_0}^2 + $$
$$\left.\left(\frac{\partial a_f}{\partial f_t}\Big|_\mu \cdot \mu_{f_t}\right)^2\delta_{f_t}^2 + \left(\frac{\partial a_f}{\partial e_{pn}}\Big|_\mu \cdot \mu_{e_{pn}}\right)^2\delta_{e_{pn}}^2\right] \qquad (7-41)$$

其中的均值为

$$\mu_{a_s} = \mu_K\frac{5l_0^2}{48\times0.85\mu_{E_c}\mu_{I_0}}\left[(1-\omega)\left(\frac{\mu_{\sigma_{pe}}\mu_{A_p}}{\mu_{A_0}}\mu_{W_0} + \mu_{\sigma_{pe}}\mu_{A_p}\mu_{e_{pn}} + \gamma\mu_{f_t}\mu_{W_0}\right) + M_k\omega\right] \qquad (7-42)$$

相关的偏导数为

$$\frac{\partial a_f}{\partial K}\Big|_\mu = \frac{5l_0^2}{48\times0.85\mu_{E_c}\mu_{I_0}}\left[(1-\omega)\left(\frac{\mu_{\sigma_{pe}}\mu_{A_p}}{\mu_{A_0}}\mu_{W_0} + \mu_{\sigma_{pe}}\mu_{A_p}\mu_{e_{pn}} + \gamma\mu_{f_t}\mu_{W_0}\right) + M_k\omega\right] \qquad (7-43)$$

$$\frac{\partial a_f}{\partial E_c}\Big|_\mu = -\mu_K\frac{5l_0^2}{48\times0.85\mu_{E_c}^2\mu_{I_0}}\left[(1-\omega)\left(\frac{\mu_{\sigma_{pe}}\mu_{A_p}}{\mu_{A_0}}\mu_{W_0} + \mu_{\sigma_{pe}}\mu_{A_p}\mu_{e_{pn}} + \gamma\mu_{f_t}\mu_{W_0}\right) + M_k\omega\right] \qquad (7-44)$$

$$\frac{\partial a_f}{\partial I_0}\bigg|_{\mu} = -\mu_K \frac{5l_0^2}{48\times0.85\mu_{E_c}\mu_{I_0}^2}\left[(1-\omega)\left(\frac{\mu_{\sigma_{\mathrm{pe}}}\mu_{A_\mathrm{p}}}{\mu_{A_0}}\mu_{W_0}+\mu_{\sigma_{\mathrm{pe}}}\mu_{A_\mathrm{p}}\mu_{e_{\mathrm{pn}}}+\gamma\mu_{f_\mathrm{t}}\mu_{W_0}\right)+M_\mathrm{k}\omega\right]$$

$$(7-45)$$

$$\frac{\partial a_f}{\partial \sigma_{\mathrm{pn}}}\bigg|_{\mu} = \mu_K \frac{5l_0^2}{48\times0.85\mu_{E_c}\mu_{I_0}}\left[(1-\omega)\left(\frac{\mu_{A_\mathrm{p}}}{\mu_{A_0}}\mu_{W_0}+\mu_{A_\mathrm{p}}\mu_{e_{\mathrm{pn}}}\right)\right] \qquad (7-46)$$

$$\frac{\partial a_f}{\partial A_\mathrm{p}}\bigg|_{\mu} = \mu_K \frac{5l_0^2}{48\times0.85\mu_{E_c}\mu_{I_0}}\left[(1-\omega)\left(\frac{\mu_{\sigma_{\mathrm{pe}}}}{\mu_{A_0}}\mu_{W_0}+\mu_{\sigma_{\mathrm{pe}}}\mu_{e_{\mathrm{pn}}}\right)\right] \qquad (7-47)$$

$$\frac{\partial a_f}{\partial A_0}\bigg|_{\mu} = -\mu_K \frac{5l_0^2}{48\times0.85\mu_{E_c}\mu_{I_0}}\left[(1-\omega)\left(\frac{\mu_{\sigma_{\mathrm{pe}}}\mu_{A_\mathrm{p}}}{\mu_{A_0}^2}\mu_{W_0}\right)\right] \qquad (7-48)$$

$$\frac{\partial a_f}{\partial W_0}\bigg|_{\mu} = \mu_K \frac{5l_0^2}{48\times0.85\mu_{E_c}\mu_{I_0}}\left[(1-\omega)\left(\frac{\mu_{\sigma_{\mathrm{pe}}}\mu_{A_\mathrm{p}}}{\mu_{A_0}}+\gamma\mu_{f_\mathrm{t}}\right)\right] \qquad (7-49)$$

$$\frac{\partial a_f}{\partial f_\mathrm{t}}\bigg|_{\mu} = \mu_K \frac{5l_0^2}{48\times0.85\mu_{E_c}\mu_{I_0}}\left[(1-\omega)\gamma\mu_{W_0}\right] \qquad (7-50)$$

$$\frac{\partial a_f}{\partial e_{\mathrm{pn}}}\bigg|_{\mu} = \mu_K \frac{5l_0^2}{48\times0.85\mu_{E_c}\mu_{I_0}}\left[(1-\omega)\mu_{\sigma_{\mathrm{pe}}}\mu_{A_\mathrm{p}}\right] \qquad (7-51)$$

设计值 a_{sd} 的保证率为

$$p = P\{a_\mathrm{s}<a_{\mathrm{sd}}\} = \Phi\left[\frac{\ln a_{\mathrm{sd}}-\ln\dfrac{\mu_{a_\mathrm{s}}}{\sqrt{1+\delta_{a_\mathrm{s}}^2}}}{\sqrt{\ln(1+\delta_{a_\mathrm{s}}^2)}}\right] = \Phi\left[\frac{\ln\left(\dfrac{a_{\mathrm{sd}}}{\mu_{a_\mathrm{s}}}\sqrt{1+\delta_{a_\mathrm{s}}^2}\right)}{\sqrt{\ln(1+\delta_{a_\mathrm{s}}^2)}}\right] \qquad (7-52)$$

其中

$$a_{\mathrm{sd}} = \mu_K \frac{5l_0^2}{48\times0.85\mu_{E_c}\mu_{I_0}}\left[(1-\omega)\left(\frac{\mu_{\sigma_{\mathrm{pe}}}\mu_{A_\mathrm{p}}}{\mu_{A_0}}\mu_{W_0}+\mu_{\sigma_{\mathrm{pe}}}\mu_{A_\mathrm{p}}\mu_{e_{\mathrm{pn}}}+\gamma\frac{\mu_{f_\mathrm{t}}}{\chi_{f_\mathrm{t}}}\mu_{W_0}\right)+M_\mathrm{k}\omega\right]$$

$$(7-53)$$

在式(7-30)~式(7-53)中

μ_X——结构构件中各相应变量的均值;

χ_X——结构构件中各相应变量的均值系数;

δ_X——结构构件中各相应变量的变异系数。

7.3.2 挠度检验的基本表达式

对于混凝土构件,根据3.3节内容,按规范要求对挠度根据基于概率的检验方法进行检验时,应满足

$$\kappa_{a_\mathrm{s}}^0 \leqslant \gamma_{a_\mathrm{s}}[a_\mathrm{s}] \qquad (7-54)$$

$$\kappa_{a_s}^0 = \left(\prod_{i=1}^{n} \alpha_{s,i}^0 \right)^{\frac{1}{n}} \qquad (7-55)$$

其中

$$\gamma_{a_s} = \exp\left\{ -\left(\frac{z_C}{\sqrt{n}} + k \right) \sqrt{\ln\left(1 + \delta_{a_s}^2\right)} \right\} \qquad (7-56)$$

式中　$i = 1, 2, \cdots, n$——挠度检验的试件个数；

$\alpha_{s,i}^0$——第 i 个试件挠度实测值，其值与目前检验方法中挠度检验实测值相同，可称之为构件的挠度检验实测值；

$\kappa_{a_s}^0$——$\alpha_{s,1}^0$、$\cdots$、$\alpha_{s,n}^0$ 的几何平均值，从某种角度反映了各构件挠度检验实测值的平均水平；

$\gamma_{a_s}[a_s]$——构件挠度检验系数允许值，应根据试件具体的挠度概率特性、保证率以及设计规范或设计要求的最低保证率和统计推断中的置信水平确定；

δ_{a_s}——挠度的变异系数；

$[a_s]$——现行规范对挠度的规定值。

对于挠度，按构件实配钢筋即设计要求进行检验时，与按规范要求的检验方法类似，只需考虑按实配钢筋计算的构件挠度值，这里不再赘述。

7.4 检验系数允许值

基于普通钢筋混凝土受弯构件、预应力混凝土受弯构件(包括不允许开裂和允许开裂的情况)挠度检验的概率模型，已建立构件挠度检验的基本表达式。本节将进一步确定挠度检验基本表达式中检验系数允许值的具体数值，以建立实用的基于概率的受弯构件挠度检验方法。首先，讨论挠度概率模型中各基本变量的取值，包括其平均值、均值系数和变异系数；然后，通过编制的程序计算挠度在各种设定情况下的变异系数及保证率；最后，通过各因素对挠度检验基本表达式中检验系数允许值的影响情况，得到检验系数允许值的代表值，建立完整的基于概率的受弯构件挠度检验方法。

7.4.1 各基本变量的统计参数

挠度检验概率模型中，对于普通钢筋混凝土构件，基本变量有 K、f_t、E_s、E_c，对于不允许开裂的预应力混凝土构件，基本变量有 K、E_c、I_0，对于允许开裂的预应力混凝土构件，基本变量有 K、E_c、I_0、σ_{pe}、A_p、A_0、W_0、f_t、e_{pn}，根据目前有关文献中的统计资料，下面列出所有变量的统计参数，见表 7-3。

表 7-3　各基本变量的统计参数

基本变量	符号	类型	均值系数 $\chi =$ 平均值/标准值	变异系数 δ_χ
挠度计算模式不确定系数	K	—	1	0.128
钢筋弹性模量/（N/mm²）	E_s	—	1	0.06
混凝土弹性模量/（N/mm²）	E_c	—	1	0.2
换算截面惯性矩/mm³	I_0	—	1	0.03
有效预应力/（N/mm²）	σ_{pe}	—	1	0.04
预应力筋截面面积/mm²	A_p	—	1	0.0125
换算后的混凝土截面面积/mm²	A_0	—	1	0.08
截面重心至预加力作用点的距离/mm	e_{p0}	—	1	0.006
抗裂验算截面边缘换算截面弹性抵抗矩/mm³	W_0	—	1	0.0064
混凝土轴心抗拉强度/（N/mm²）	f_t	C20	1.42	0.18
		C25	1.36	0.16
		C30	1.30	0.14
		C35	1.27	0.13
		C40	1.25	0.12
		C45	1.25	0.12
		C50	1.22	0.11
		C55	1.22	0.11
		C60	1.20	0.10

需要说明的是，对于预应力混凝土受弯构件，由于缺乏其挠度计算模式不确定系数统计资料，文中均暂按普通钢筋混凝土受弯构件的相关参数取用。文献［116］也给出了相应的统计参数（0.1），保守起见，本文按文献［115］中的数值（0.128）考虑。E_c、E_s、I_0 的统计参数见文献［117］。其余变量 σ_{pe}、A_p、A_0、e_{p0}、W_0 的统计参数见文献［111-113］中的数值。关于混凝土轴心抗拉强度 f_t 的均值系数 χ_{f_t} 和变异系数 δ_{f_t} 的取值，同第 5 章相关内容，不再赘述。

7.4.2　影响检验系数允许值的参数分析

1. 普通钢筋混凝土构件

对普通钢筋混凝土构件，根据《混凝土结构设计规范》（GB 50010—2010）和挠度检验的要求以及所建立的概率模型，根据式（7-19）确定构件达到混凝土构件设计规范所规定的正常使用要求所规定的变形值时的钢筋应力值 σ_{sq}，有

$$\sigma_{sq} = \frac{\dfrac{1}{\theta}[a_f]\dfrac{48h_0}{5\times 0.87Kl_0^2}+0.7475\dfrac{f_t}{\rho_{te}E_s}}{\dfrac{1.465}{E_s}+\dfrac{6\rho}{E_c(1+3.5\gamma'_f)}} \tag{7-57}$$

考虑概率模型中各参数的取值，计算 σ_{sq} 的数值，且其值不应超过钢筋的屈服应力 f_y，进而可根据编制的计算程序得到挠度的检验系数允许值。

对普通钢筋混凝土受弯构件的挠度检验来说，影响其检验系数允许值的随机变量有 K、f_t、E_s、E_c 等因素。考虑到构件截面形状对挠度的概率模型无影响，为方便起见，分析时以工程中常见的矩形截面为例，考虑构件截面宽度 $b = 200 \sim 500$mm，截面高度 $h = 400 \sim 1000$mm，构件计算跨度 $l_0 = 3000 \sim 9000$mm，混凝土强度等级为 C20～C40，认为按有效受拉混凝土截面面积计算的纵向受拉钢筋配筋率 $\rho_{te} = 0.012 \sim 0.03$，纵向受拉钢筋配筋率 $\rho = 0.6\% \sim 1.5\%$，考虑荷载长期作用对挠度增大的影响系数 $\theta = 1.6 \sim 2.0$。为考察以上各因素对检验系数允许值的影响程度，考虑比较有代表性的情况，选取 $b = 350$mm，截面高度 $h = 600$mm，$l_0 = 6000$mm，采用 C35 混凝土、配置 HRB400，$\rho = 0.01$，$\rho_{te} = 0.02$ 的钢筋混凝土受弯构件为"基准构件"。下面对这些影响因素一一进行分析，得到检验系数允许值变化趋势，由于检验系数允许值变化趋势完全取决于 γ_{a_s}，因此图 7-1～图 7-7 为 γ_{a_s} 的变化趋势，为方便起见，以只检验一个试件得到的数值为例，考虑置信水平 $C = 0.75$。

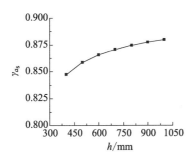

图 7-1 h 的影响曲线

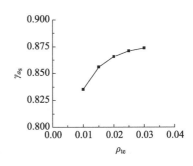

图 7-2 ρ_{te} 的影响曲线

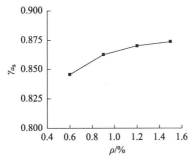

图 7-3 ρ 的影响曲线

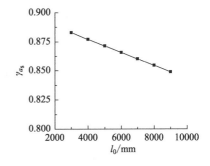

图 7-4 l_0 的影响曲线

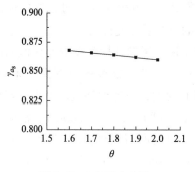

图 7-5　θ 的影响曲线

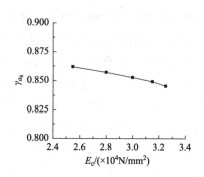

图 7-6　E_c 的影响曲线

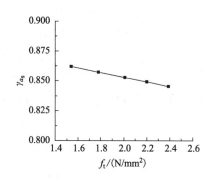

图 7-7　f_t 的影响曲线

由图 7-1~图 7-7 可以看出：按有效受拉混凝土截面面积计算的纵向受拉钢筋配筋率 ρ_{te}、纵向受拉钢筋配筋率 ρ 对挠度检验系数允许值的影响较大，随 ρ_{te} 从 0.012 到 0.03，ρ 从 0.6% 到 1.5%，检验系数允许值增大了 4.7%；随构件计算跨度 l_0 从 3000mm 到 9000mm，检验系数允许值下降了 4.0%，随截面高度 h 从 400mm 到 1000mm，检验系数允许值增大了 3.9%，随混凝土强度等级从 C20 到 C40，检验系数允许值下降了 2.0%，随考虑荷载长期作用对挠度增大的影响系数 θ 从 1.6 到 2.0，检验系数允许值下降了 0.93%。也就是说，挠度检验系数允许值的数值变化范围不大，数值较集中。

2. 不允许开裂的预应力混凝土构件

对于不允许开裂的预应力混凝土构件，影响其检验系数允许值的随机变量有 K、E_c、I_0，但在挠度检验概率模型中，其关系是线性的，只根据其基本变量的统计参数就可以确定检验系数的允许值，无需分析其对检验系数允许值的影响程度。

3. 允许开裂的预应力混凝土构件

对于允许开裂的预应力混凝土构件，与普通钢筋混凝土构件的计算类似，也应先根据《混凝土结构设计规范》(GB 50010—2010)和挠度检验的要求及所建立的概率模型，考虑概率模型中各参数的取值，确定构件达到混凝土构件设计规范规定的正常使用要求所规定的变形值时构件所承受的外荷载，有

$$M_k = \frac{1}{\omega}\left[\frac{1}{\eta_\theta}\left[a_f\right]\frac{48\times 0.85 E_c I_0}{5K l_0^2}-(1-\omega)\left(\frac{\sigma_{pe}A_p}{A_0}W_0+\sigma_{pe}A_p e_{pn}+\gamma f_t W_0\right)\right] \quad (7-58)$$

考虑概率模型中各参数的取值，进而可根据编制的计算程序得到挠度的检验系数允许值。

对于允许开裂的预应力混凝土受弯构件，影响其检验系数允许值的参数有 K、E_c、I_0、σ_{pe}、A_p、A_0、W_0、f_t、e_{pn}。同样，分析时以工程中常见的矩形截面为例，考虑构件截面宽度 $b = 200\sim 500mm$，截面高度 $h = 400\sim 1000mm$，构件计算跨度 $l_0 = 3000\sim 9000mm$，混凝土强度等级为 C40~C60，截面重心至预加力作用点的距离 e_{p0} 最大值按截面高度的一半考虑，最小值按 100mm 考虑，即 $e_{p0} = 100\sim 200/500mm$，同第 4 章中相关内容，认为预应力筋配筋率 $\rho_{A_p} = 0.6\%\sim 1.5\%$，非预应力筋配筋率 $\rho_{A_s} = 0\sim 1.5\%$。为考察以上各因素对检验系数允许值的影响程度，考虑比较有代表性的情况，选取 $b = 350mm$，截面高度 $h = 600mm$，构件计算跨度 $l_0 = 6000mm$，截面重心至预加力作用点的距离 $e_{p0} = 300mm$，预应力筋配筋率 $\rho_{A_p} = 1.0\%$，非预应力筋配筋率 $\rho_{A_s} = 0.8\%$，采用 C45 混凝土、配置中强度预应力钢丝的预应力混凝土受弯构件为"基准构件"。下面对这些影响因素一一进行分析，得到检验系数允许值变化趋势，由于检验系数允许值变化趋势完全取决于 γ_{a_s}，因此图 7-8~图 7-17 为 γ_{a_s} 的变化趋势，为方便起见，以只检验一个试件得到的数值为例，考虑置信水平 $C = 0.75$。

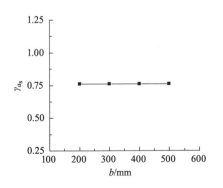

图 7-8　b 的影响曲线

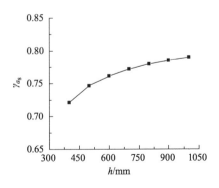

图 7-9　h 的影响曲线

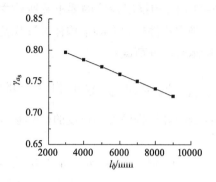

图 7-10 l_0 的影响曲线

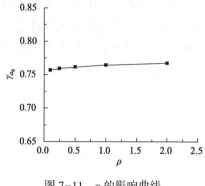

图 7-11 ρ 的影响曲线

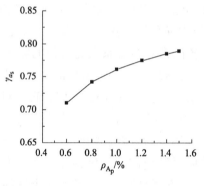

图 7-12 ρ_{A_p} 的影响曲线

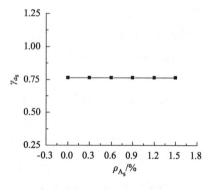

图 7-13 ρ_{A_s} 的影响曲线

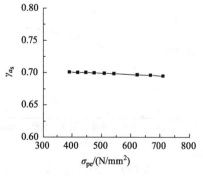

图 7-14 σ_{pe} 的影响曲线

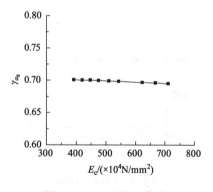

图 7-15 E_c 的影响曲线

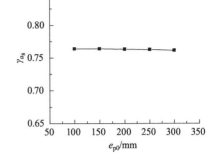

图 7-16 f_t 的影响曲线　　　　　　图 7-17 e_{p0} 的影响曲线

由图 7-8~图 7-17 可以看出：预应力筋配筋率 ρ_{A_p} 对挠度检验系数允许值的影响最大，随 ρ_{A_p} 从 0.6% 到 1.5%，检验系数允许值增大了 11.13%；随截面高度 h 从 400mm 到 1000mm，检验系数允许值增大了 9.57%；随构件计算跨度 l_0 从 3000mm 到 9000mm，检验系数允许值下降了 9.49%；随混凝土强度等级从 C40 到 C60，检验系数允许值下降了 1.73%；随着 ρ 从 0.5 到 2.5，检验系数允许值增大了 1.32%；随着 σ_{pe} 从 392N/mm^2 增大到 711.2N/mm^2，检验系数允许值下降了 1.06%；随着 e_{p0} 从 100mm 增大到 300mm，检验系数允许值下降了 0.262%；截面宽度和非预应力筋配筋率对检验系数允许值无影响。总之，挠度检验系数允许值的数值变化范围不大，数值较集中。

7.4.3　检验系数允许值

在 7.4.2 节中，已经对影响受弯构件挠度检验基本表达式中的检验系数允许值的各因素进行了分析，对于普通钢筋混凝土构件和允许开裂的预应力混凝土构件，为了得到检验系数允许值，让这些影响因素先后取"低值"和"高值"，大体覆盖常用构件的范围。每次变动一个值进行计算，最后再让使检验系数允许值增大和减小的所有因素结合在一起，计算出"最大的" $\gamma_{a_s}[a_s]$ 和"最小的" $\gamma_{a_s}[a_s]$。需要说明的是，虽然构件截面高度与跨度对检验系数允许值的影响情况相反，然而在实际工程中，构件截面高度与跨度应该保持一定的比例，即构件截面高度越大，构件的跨度也越大，因此，文中计算时对截面高度和跨度取相一致的数值，也就是说，小截面对应小跨度，大截面对应大跨度。对于不允许开裂的预应力混凝土构件，根据随机变量的统计参数按式(7-38)和式(7-39)可得到挠度变异系数和保证率，进而得到检验系数允许值。将计算过程中涉及的挠度变异系数、保证率及确定的 γ_{a_s} 的计算值列于表 7-4~表 7-8。对不允许开裂的预应力混凝土构件的相应数值列于表 7-9。

表 7-4 普通钢筋混凝土受弯构件挠度变异系数、保证率及 γ_{a_s} 计算值

构件类型		变异系数	保证率/%	γ_{a_s}
吊车梁	手动吊车	0.153~0.167	66.4~80.1	0.777~0.846
	电动吊车	0.155~0.177	68.7~82.7	0.753~0.836
屋盖、楼盖及楼梯构件	当 $l_0 < 7m$ 时	0.148~0.152 (0.148~0.152)	59.3~72.6 (60.1~72.6)	0.825~0.875 (0.825~0.872)
	当 $7m \leqslant l_0 \leqslant 9m$ 时	0.148~0.152 (0.149~0.152)	60.1~72.6 (61.4~72.6)	0.825~0.872 (0.825~0.867)
	当 $l_0 > 9m$ 时	0.149~0.152 (0.151~0.159)	61.4~72.6 (64.0~76.6)	0.825~0.867 (0.802~0.857)

表 7-5 配置中强度预应力钢丝的预应力混凝土受弯构件挠度变异系数、保证率及 γ_{a_s} 计算值

构件类型		变异系数	保证率/%	γ_{a_s}
吊车梁	手动吊车	0.254~0.355	69.9~80.3	0.591~0.742
	电动吊车	0.260~0.395	72.2~82.0	0.546~0.724
屋盖、楼盖及楼梯构件	当 $l_0 < 7m$ 时	0.242~0.261 (0.243~0.273)	61.4~69.8 (63.0~72.5)	0.736~0.795 (0.711~0.786)
	当 $7m \leqslant l_0 \leqslant 9m$ 时	0.243~0.273 (0.245~0.286)	63.0~72.5 (64.5~74.7)	0.711~0.786 (0.687~0.777)
	当 $l_0 > 9m$ 时	0.245~0.286 (0.249~0.318)	64.5~74.7 (67.4~78.0)	0.687~0.777 (0.638~0.759)

表 7-6 配置消除应力钢丝的预应力混凝土受弯构件挠度变异系数、保证率及 γ_{a_s} 计算值

构件类型		变异系数	保证率/%	γ_{a_s}
吊车梁	手动吊车	0.267~0.418	68.6~77.5	0.563~0.738
	电动吊车	0.278~0.475	70.6~79.0	0.512~0.718
屋盖、楼盖及楼梯构件	当 $l_0 < 7m$ 时	0.244~0.276 (0.246~0.294)	61.0~68.7 (62.4~71.0)	0.730~0.795 (0.702~0.786)
	当 $7m \leqslant l_0 \leqslant 9m$ 时	0.246~0.294 (0.250~0.315)	62.4~71.0 (63.8~72.8)	0.702~0.786 (0.674~0.777)
	当 $l_0 > 9m$ 时	0.250~0.315 (0.257~0.364)	63.8~72.8 (66.4~75.6)	0.674~0.777 (0.617~0.758)

表7-7   配置钢绞线的预应力混凝土受弯构件挠度变异系数、保证率及 γ_{a_s} 计算值

构件类型		变异系数	保证率/%	γ_{a_s}
吊车梁	手动吊车	0.269~0.430	68.5~77.3	0.557~0.736
	电动吊车	0.282~0.491	70.4~78.7	0.505~0.716
屋盖、楼盖及楼梯构件	当 $l_0<7m$ 时	0.244~0.279 (0.247~0.299)	61.0~68.6 (62.4~70.8)	0.728~0.795 (0.699~0.786)
	当 $7m\leq l_0\leq9m$ 时	0.247~0.299 (0.251~0.321)	62.4~70.8 (63.8~72.7)	0.699~0.786 (0.670~0.776)
	当 $l_0>9m$ 时	0.251~0.321 (0.259~0.373)	63.8~72.7 (66.3~75.4)	0.670~0.776 (0.612~0.756)

表7-8   配置预应力螺纹钢筋的预应力混凝土受弯构件挠度变异系数、保证率及 γ_{a_s} 计算值

构件类型		变异系数	保证率/%	γ_{a_s}
吊车梁	手动吊车	0.255~0.353	69.4~79.9	0.595~0.743
	电动吊车	0.262~0.393	71.6~81.5	0.551~0.726
屋盖、楼盖及楼梯构件	当 $l_0<7m$ 时	0.242~0.261 (0.243~0.272)	61.2~69.5 (62.7~72.1)	0.738~0.796 (0.714~0.787)
	当 $7m\leq l_0\leq9m$ 时	0.243~0.272 (0.245~0.286)	62.7~72.1 (64.2~74.3)	0.714~0.787 (0.690~0.778)
	当 $l_0>9m$ 时	0.245~0.286 (0.250~0.317)	64.2~74.3 (66.9~77.6)	0.690~0.778 (0.642~0.761)

表7-9   不允许开裂的预应力混凝土受弯构件挠度变异系数、保证率及 γ_{a_s} 计算值

不允许开裂的预应力混凝土构件	变异系数	保证率/%	γ_{a_s}
	0.239	54.7	0.829

通过表7-4~表7-9可以看出，挠度检验系数允许值与构件中配置的钢筋类型有关，对于配置不同类型钢筋的混凝土构件，其检验系数允许值也各不相同。同样，按本文方法得到的挠度检验系数允许值也不同于规范中的相应数值，需按规范要求对挠度检验时的置信水平进行校准，确定统一的置信水平。为了工程使用时的方便，本文仅考虑普通钢筋混凝土构件与预应力钢筋混凝土构件的不同，对变异系数和挠度设计值的保证率均较保守地取大值，并由此确定相应的置信水平，见表7-10和表7-11。

表7-10 普通钢筋混凝土受弯构件挠度变异系数、保证率代表值及置信水平

构件类型		变异系数	保证率/%	置信水平		
				$n=1$	$n=2$	$n=3$
吊车梁	手动吊车	0.167	80.1	0.200	0.055	0.007
	电动吊车	0.177	82.7	0.173	0.043	0.005
屋盖、楼盖及楼梯构件	当 $l_0<7\text{m}$ 时	0.152 (0.152)	72.6 (72.6)	0.274 (0.274)	0.098 (0.098)	0.016 (0.016)
	当 $7\text{m}\leqslant l_0\leqslant 9\text{m}$ 时	0.152 (0.152)	72.6 (72.6)	0.274 (0.274)	0.098 (0.098)	0.016 (0.016)
	当 $l_0>9\text{m}$ 时	0.152 (0.159)	72.6 (76.6)	0.274 (0.234)	0.098 (0.073)	0.016 (0.011)

表7-11 预应力钢筋混凝土受弯构件挠度变异系数、保证率代表值及置信水平

构件类型		变异系数	保证率/%	置信水平		
				$n=1$	$n=2$	$n=3$
吊车梁	手动吊车	0.359	73.94	0.261	0.135	0.056
	电动吊车	0.399	75.18	0.248	0.128	0.054
屋盖、楼盖及楼梯构件	当 $l_0<7\text{m}$ 时	0.263 (0.275)	66.26 (68.22)	0.337 (0.318)	0.197 (0.179)	0.086 (0.076)
	当 $7\text{m}\leqslant l_0\leqslant 9\text{m}$ 时	0.275 (0.289)	68.22 (69.84)	0.318 (0.302)	0.179 (0.165)	0.076 (0.069)
	当 $l_0>9\text{m}$ 时	0.289 (0.322)	69.84 (72.26)	0.302 (0.277)	0.165 (0.147)	0.069 (0.061)

从表7-10和表7-11可以看到，现行检验方法中挠度检验时的置信水平很小，均不足0.5，这是不恰当的，因为置信水平 C 一般为区间(0，1)中较大的数值。因此，对挠度检验时的置信水平均取为 $C=0.6$。这样，可得到挠度检验系数允许值，见表7-12和表7-13，它受抽样数量 n 的影响较小，可统一取表7-12和表7-13中的建议值，建立完整的基于概率的受弯构件挠度检验方法，它较目前检验方法的结果更严格。

表7-12 普通钢筋混凝土受弯构件挠度检验系数允许值

构件类型		检验系数允许值			
		$n=1$	$n=2$	$n=3$	建议值
吊车梁	手动吊车	$l_0/602\theta$	$l_0/595\theta$	$l_0/588\theta$	$l_0/595\theta$
	电动吊车	$l_0/741\theta$	$l_0/732\theta$	$l_0/723\theta$	$l_0/730\theta$

续表

构件类型		检验系数允许值			
		$n=1$	$n=2$	$n=3$	建议值
屋盖、楼盖及楼梯构件	当 $l_0<7\mathrm{m}$ 时	$l_0/227\theta$ $(l_0/284\theta)$	$l_0/225\theta$ $(l_0/281\theta)$	$l_0/222\theta$ $(l_0/278\theta)$	$l_0/225\theta$ $(l_0/280\theta)$
	当 $7\mathrm{m}\leqslant l_0\leqslant 9\mathrm{m}$ 时	$l_0/284\theta$ $(l_0/341\theta)$	$l_0/281\theta$ $(l_0/337\theta)$	$l_0/278\theta$ $(l_0/333\theta)$	$l_0/280\theta$ $(l_0/335\theta)$
	当 $l_0>9\mathrm{m}$ 时	$l_0/341\theta$ $(l_0/465\theta)$	$l_0/337\theta$ $(l_0/460\theta)$	$l_0/333\theta$ $(l_0/455\theta)$	$l_0/335\theta$ $(l_0/460\theta)$

表 7-13 预应力钢筋混凝土受弯构件挠度检验系数允许值

构件类型		检验系数允许值			
		$n=1$	$n=2$	$n=3$	建议值
吊车梁	手动吊车	$l_0/685\eta_\theta$	$l_0/658\eta_\theta$	$l_0/649\eta_\theta$	$l_0/665\eta_\theta$
	电动吊车	$l_0/857\eta_\theta$	$l_0/833\eta_\theta$	$l_0/822\eta_\theta$	$l_0/835\eta_\theta$
屋盖、楼盖及楼梯构件	当 $l_0<7\mathrm{m}$ 时	$l_0/238\eta_\theta$ $(l_0/305\eta_\theta)$	$l_0/233\eta_\theta$ $(l_0/298\eta_\theta)$	$l_0/230\eta_\theta$ $(l_0/294\eta_\theta)$	$l_0/235\eta_\theta$ $(l_0/230\eta_\theta)$
	当 $7\mathrm{m}\leqslant l_0\leqslant 9\mathrm{m}$ 时	$l_0/305\eta_\theta$ $(l_0/375\eta_\theta)$	$l_0/298\eta_\theta$ $(l_0/366\eta_\theta)$	$l_0/294\eta_\theta$ $(l_0/361\eta_\theta)$	$l_0/230\eta_\theta$ $(l_0/365\eta_\theta)$
	当 $l_0>9\mathrm{m}$ 时	$l_0/375\eta_\theta$ $(l_0/519\eta_\theta)$	$l_0/366\eta_\theta$ $(l_0/506\eta_\theta)$	$l_0/361\eta_\theta$ $(l_0/500\eta_\theta)$	$l_0/365\eta_\theta$ $(l_0/510\eta_\theta)$

7.4.4 实例分析

已知矩形截面简支梁，截面尺寸 $b\times h=250\mathrm{mm}\times500\mathrm{mm}$，见图 7-18，梁的计算跨度 $l_0=5.4\mathrm{m}$。作用在截面上按荷载效应的准永久组合计算的弯矩值 $M_q=109\mathrm{kN\cdot m}$，混凝土强度等级为 C30（$f_{tk}=2.01\ \mathrm{N/mm^2}$），根据正截面受弯承载力计算，纵向受拉钢筋选用 $2\times\phi22+2\times\phi18$（HRB400 级），$A_s=1269\ \mathrm{mm^2}$，纵向保护层厚度 $c=30\mathrm{mm}$。梁的挠度限值 $a_f=l_0/200$。试评定该批梁的挠度是否满足设计规范挠度控制的要求。

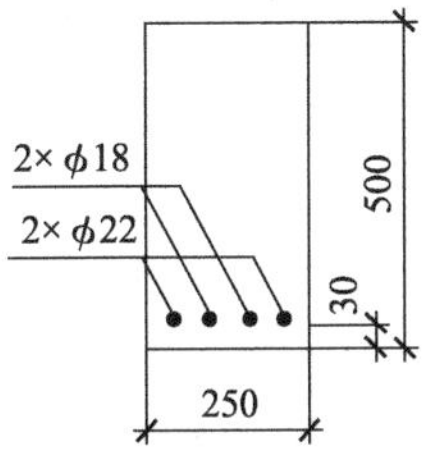

解：$h_0=500-40=460\mathrm{mm}$，$E_s=2\times10^5\ \mathrm{N/mm^2}$，$E_c=3\times10^4\ \mathrm{N/mm^2}$，$c=30\mathrm{mm}$

$$\alpha_E=\frac{E_s}{E_c}=\frac{2\times10^5}{3\times10^4}=6.67$$

图 7-18 截面简图

$$\rho = \frac{A_s}{bh_0} = \frac{1269}{250 \times 460} = 0.011$$

$$\sigma_{sq} = \frac{M_q}{0.87 A_s h_0} = \frac{109 \times 10^6}{0.87 \times 1269 \times 460} = 214.63 \ \text{N/mm}^2$$

$$\rho_{te} = \frac{A_s}{A_{te}} = \frac{1269}{0.5 \times 250 \times 500} = 0.02 > 0.01$$

$$\psi = 1.1 - 0.65 \frac{f_{tk}}{\rho_{te}\sigma_{sq}} = 1.1 - 0.65 \times \frac{2.01}{0.02 \times 214.63} = 0.796 > 0.2$$

且 <1.0

$$B_s = \frac{E_s A_s h_0^2}{1.15\psi + 0.2 + \frac{6\alpha_E \rho}{1 + 3.5\gamma'_f}} = \frac{2 \times 10^5 \times 1269 \times 460^2}{1.15 \times 0.796 + 0.2 + \frac{6 \times 6.67 \times 0.011}{1 + 3.5 \times 0}}$$

$$= 3.45 \times 10^{13} \text{N/mm}^2$$

又 $\rho' = 0$ 时，$\theta = 2$

因此 $B = \frac{B_s}{\theta} = \frac{3.45 \times 10^{13}}{2} = 1.725 \times 10^{13} \text{N/mm}^2$

这样跨中最大挠度为

$$a_f = \frac{5M_q l_0^2}{48B} = \frac{5 \times 109 \times 10^6 \times 5400^2}{48 \times 1.725 \times 10^{13}} = 19.19\text{mm} < [a_f] = \frac{l_0}{200} = \frac{5400}{200} = 27\text{mm}$$

因此梁的最大挠度满足规范的要求。

抽取一个试件进行挠度检验，跨中弯矩达到 93kN·m 时，跨中最大挠度实测值为 10mm。

（1）目前检验方法

根据《混凝土结构工程施工质量验收规范》，有

$$\alpha_{s,1}^0 = 10\text{mm} < [a_s] = \frac{[a_f]}{\theta} = 13.5\text{mm}$$

结论：该批构件的挠度检验满足要求。

（2）基于概率的构件性能检验方法

对普通钢筋混凝土构件，挠度检验系数允许值为

$$\gamma_{a_s}[a_s] = \frac{l_0}{225\theta} = \frac{5400}{225 \times 2} = 12\text{mm}$$

$$\kappa_{a_s}^0 = \alpha_{s,1}^0 = 10\text{mm} < 12\text{mm}$$

结论：该批构件的挠度检验满足要求。

虽然通过检验最终的结论一样，但按文中方法的检验更严格。

受弯构件裂缝宽度检验方法

混凝土结构的裂缝控制关系到混凝土结构能否满足耐久性和适用性的要求，由于混凝土自身的材料特性和它所处的工作环境，使得混凝土结构难以避免地存在耐久性问题。混凝土结构的耐久性不足会导致结构提前劣化和腐蚀损伤，造成巨大的经济损失。实际上，正常使用情况下由于各种荷载作用的影响，钢筋混凝土构件一般是带裂缝工作的，通常情况下，适当的裂缝宽度对结构构件的承载能力不会产生严重的影响，但构件过大的裂缝宽度对结构的正常使用往往会带来不利的影响和严重的后果，不容忽视。钢筋混凝土构件在使用阶段应避免裂缝宽度过大而影响结构的正常使用，因此，对正常使用极限状态下的裂缝宽度问题也应给予重点关注，对其进行试验检验，使构件在荷载标准值下的裂缝宽度实测值不超过裂缝宽度检验的允许值。裂缝宽度的检验允许值是根据实践经验确定的，它主要取决于使用要求和结构的观瞻，我国规范将其列为正常使用极限状态要求的一项检验项目，但目前的检验方法缺乏结构可靠度理论和统计学的基础，未直接反映设计规范对构件性能的可靠度要求，未全面考虑构件性能变异性的影响，且未直接按设计规范的可靠度要求判定构件的性能。

8.1 受弯构件裂缝宽度的计算

混凝土的抗拉能力很低，其抗拉强度大致为其抗压强度的 1/10，引起很小的拉应变，构件就可能开裂，在普通钢筋混凝土结构(不施加预应力)设计时就考虑，正常情况下的混凝土构件一般是带裂缝工作的。过大的裂缝会引起混凝土中钢筋的严重锈蚀，降低结构的耐久性；同时，过大的裂缝也会损害结构的外观，引起使用者的不安，影响结构的适用性，因而对构件的裂缝宽度应进行控制。对于混凝土结构构件来说，影响其裂缝宽度的因素很多。在分析中，从既有构件性能检验的角度出发，同时为了与承载力、抗裂能力的检验相协调，本文计算时仅考虑荷载因素对结构构件裂缝宽度检验的影响，对于其他影响因素，则通过合理选材、合理构造并从提高施工质量，注重养护等方面采取合理的措施予以减轻裂缝宽度的大小或消除裂缝宽度的出现。在进行构件裂缝宽度检验时，评定标准中的最大裂缝宽度和相应的设计允许值相比，要严格一级，这是因为检验时所测得的裂缝宽度系短期值，随着荷载持续时间的增加，裂缝还会发展，但试验荷载持续时间不可能无限延长，故采用加严一级的要求来解决。在建立裂缝宽度概率模型时需通过计算达到规范规定值时的荷载值。

钢筋混凝土构件产生裂缝的原因很多，其对正常使用的影响也各不相同，如荷载的作用、混凝土的组成成分、温度变化、混凝土的收缩和徐变、基础的不均匀沉降以及钢筋的锈蚀等，其中荷载、温度及收缩对裂缝起着相当重要的作用。在荷载作用下，截面受拉区混凝土中出现裂缝，其裂缝宽度与钢筋应力几乎成正比。过去，使用荷载作用下钢筋的应力不高，一般受弯构件的裂缝并不构成严重的实际问题。但是随着高强度钢筋的采用，钢筋的工作应力提高(比 50 年前提高了约 2 倍)，裂缝控制越来越成为需要特别考虑的问题。为了保证结构在使用过程中不产生过大的裂缝宽度，应对使用荷载作用阶段允许出现裂缝的梁的裂缝宽度值加以限制。现行的规范中未考虑时间因素，即未严格区分"耐久性"和"适用性"的不同要求，而是笼统地对构件给出大致的"最大裂缝宽度"限值。《混凝土结构设计规范》(GB 50010—2010)规定，对允许出现裂缝的钢筋混凝土构件和预应力混凝土构件，按荷载的标准组合或准永久组合并考虑长期作用的影响计算的最大裂缝宽度不应超过表 8-1 规定的最大裂缝宽度限值。

表 8-1　结构构件的裂缝控制等级及最大裂缝宽度的限值　　　　　mm

环境类别	钢筋混凝土结构		预应力混凝土结构	
	裂缝控制等级	w_{lim}	裂缝控制等级	w_{lim}
一	三级	0.30(0.40)	三级	0.20
二 a		0.20		0.10
二 b			二级	—
三 a、三 b			一级	—

注：对处于年平均相对湿度小于 60%地区一类环境下的受弯构件，其最大裂缝宽度限值可采用括号内的数值。

8.2　受弯构件裂缝宽度检验的概率模型

8.2.1　普通钢筋混凝土构件

对混凝土受弯和受拉构件，在使用荷载作用下的裂缝宽度，各国参照已有的试验研究结果和分析提出了多种计算方法。虽然所取的主要因素一致，但计算式的形式各种各样，计算结果也有差别。

《混凝土结构设计规范》（GB 50010—2010）规定，在矩形、T形、倒T形和I形截面的钢筋混凝土受拉、受弯和偏心受压构件及预应力混凝土轴心受拉和受弯构件中，按荷载标准组合或准永久组合并考虑长期作用影响的最大裂缝宽度可按下列公式计算：

$$w_{\max} = \alpha_{cr}\psi\frac{\sigma_{sq}}{E_s}\left(1.9c_s+0.08\frac{d_{eq}}{\rho_{te}}\right) \tag{8-1}$$

式中　α_{cr}——构件受力特征系数；

　　　ψ——裂缝间纵向受拉钢筋应变不均匀系数，当$\psi<0.2$时，取$\psi=0.2$，当$\psi>1.0$时，取$\psi=1.0$，对直接承受重复荷载的构件，取$\psi=1.0$；

　　　σ_{sq}——按荷载准永久组合计算的钢筋混凝土构件纵向受拉普通钢筋的应力；

　　　E_s——普通钢筋的弹性模量；

　　　c_s——最外层纵向受拉钢筋外边缘至受拉区底边的距离，mm，当$c_s<20$时，取$c_s=20$；当$c_s>65$时，取$c_s=65$；

　　　d_{eq}——受拉区纵向钢筋的等效直径；

　　　ρ_{te}——按有效受拉混凝土截面面积计算的纵向受拉钢筋配筋率。

为了简单起见，认为构件截面为矩形截面，且所配纵向钢筋为同一材料和同一直径。在式(8-1)中，ψ按下式定义：

$$\psi = 1.1-0.65\frac{f_{tk}}{\rho_{te}\sigma_{sq}},\ 0.2<\psi<1.0 \tag{8-2}$$

式中　f_{tk}——混凝土抗拉强度特征值。

在荷载准永久组合下，普通混凝土受弯构件的纵向受拉钢筋的配筋率ρ_{te}和应力σ_{sq}可分别按下式计算：

$$\rho_{te} = \frac{A_s}{0.5bh} \approx 2\rho_{A_s} \tag{8-3}$$

$$\sigma_{sq} = \frac{M_q}{0.87h_0A_s} \tag{8-4}$$

式中　A_s——受拉区纵向钢筋截面面积；

　　　M_q——按荷载准永久组合计算的弯矩值；

　　　b——构件截面宽度；

　　　h——构件截面高度；

　　　h_0——构件截面有效高度；

　　　ρ_{A_s}——构件纵向受拉配筋率。

将式(8-2)代入式(8-1)，可得裂缝宽度的计算公式如下：

$$w_{\max}=0.2\alpha_{\text{cr}}\sigma_{\text{sq}}\frac{1}{E_{\text{s}}}\left(1.9c_{\text{s}}+0.08\frac{d_{\text{eq}}}{\rho_{\text{te}}}\right),\ \psi<0.2 \tag{8-5}$$

$$w_{\max}=\alpha_{\text{cr}}\left(1.1\sigma_{\text{sq}}-0.65\frac{f_{\text{tk}}}{\rho_{\text{te}}}\right)\frac{1}{E_{\text{s}}}\left(1.9c_{\text{s}}+0.08\frac{d_{\text{eq}}}{\rho_{\text{te}}}\right),\ 0.2<\psi<1.0 \tag{8-6}$$

$$w_{\max}-\alpha_{\text{cr}}\upsilon_{\text{sq}}\frac{1}{E_{\text{s}}}\left(1.9c_{\text{s}}+0.08\frac{d_{\text{eq}}}{\rho_{\text{te}}}\right),\ \psi\geqslant1.0 \tag{8-7}$$

本文计算时主要考虑 $0.2<\psi<1.0$ 的情况。为了方便，建立如式(8-8)所示的裂缝宽度检验概率模型：

$$w=\frac{w_{\max}}{w_{\lim}}=\frac{1}{w_{\lim}}K\alpha_{\text{cr}}\left(1.1\sigma_{\text{sq}}-0.65\frac{f_{\text{t}}}{\rho_{\text{te}}}\right)\frac{1}{E_{\text{s}}}\left(1.9c_{\text{s}}+0.08\frac{d_{\text{eq}}}{\rho_{\text{te}}}\right) \tag{8-8}$$

式中，K、E_{s}、c_{s} 和 f_{t} 为随机变量，K 用于表示普通钢筋混凝土受弯构件裂缝宽度计算模式不确定性。

8.2.2　预应力混凝土构件

对于预应力混凝土构件，其裂缝宽度的计算公式为

$$w_{\max}=\alpha_{\text{cr}}\left(1.1\sigma_{\text{sk}}-0.65\frac{f_{\text{tk}}}{\rho_{\text{te}}}\right)\frac{1}{E_{\text{s}}}\left(1.9c_{\text{s}}+0.08\frac{d_{\text{eq}}}{\rho_{\text{te}}}\right) \tag{8-9}$$

式中　σ_{sk}——按荷载标准组合计算的预应力混凝土构件纵向受拉钢筋的应力；

　　　E_{s}——预应力筋的弹性模量。

同样，认为构件截面为矩形截面，且所配纵向钢筋为同一材料和同一直径。在式(8-9)中，ψ 按式(8-10)定义，即：

$$\psi=1.1-0.65\frac{f_{\text{tk}}}{\rho_{\text{te}}\sigma_{\text{sk}}},\ 0.2<\psi<1.0 \tag{8-10}$$

其中，预应力混凝土受弯构件的纵向受拉钢筋的配筋率 ρ_{te} 和在荷载标准组合下应力 σ_{sk} 可分别按下式计算：

$$\rho_{\text{te}}=\frac{A_s+A_{\text{p}}}{0.5bh} \tag{8-11}$$

$$\sigma_{\text{sk}}=\frac{M_{\text{k}}-N_{\text{p0}}(z-e_{\text{p}})}{(\alpha_1A_{\text{p}}+A_s)z} \tag{8-12}$$

式中　M_{k}——按荷载标准组合计算的弯矩值；

　　　N_{p0}——计算截面上混凝土法向预应力等于零时的预加力；

　　　z——受拉区纵向普通钢筋和预应力筋合力点至截面受压区合力点的距离；

　　　e_{p}——计算截面上混凝土法向预应力等于零时的预加力 N_{p0} 的作用点至受拉区纵向预应力筋和普通钢筋合力点的距离；

α_1——无黏结预应力筋的等效折减系数，取 α_1 为 0.3；对灌浆的后张预应力筋，取 α_1 为 1.0。

将式(8-10)代入式(8-9)，可得裂缝宽度的计算公式如下：

$$w_{\max} = 0.2\alpha_{\mathrm{cr}}\sigma_{\mathrm{sk}}\frac{1}{E_s}\left(1.9c_s + 0.08\frac{d_{\mathrm{eq}}}{\rho_{\mathrm{te}}}\right), \quad \psi < 0.2 \tag{8-13}$$

$$w_{\max} = \alpha_{\mathrm{cr}}\left(1.1\sigma_{\mathrm{sk}} - 0.65\frac{f_{\mathrm{tk}}}{\rho_{\mathrm{te}}}\right)\frac{1}{E_s}\left(1.9c_s + 0.08\frac{d_{\mathrm{eq}}}{\rho_{\mathrm{te}}}\right), \quad 0.2 < \psi < 1.0 \tag{8-14}$$

$$w_{\max} = \alpha_{\mathrm{cr}}\sigma_{\mathrm{sk}}\frac{1}{E_s}\left(1.9c_s + 0.08\frac{d_{\mathrm{eq}}}{\rho_{\mathrm{te}}}\right), \quad \psi > 1.0 \tag{8-15}$$

本文计算时主要考虑 $0.2 < \psi < 1.0$ 的情况。为了方便，建立如式(8-16)所示的裂缝宽度检验概率模型：

$$w = \frac{w_{\max}}{w_{\lim}} = \frac{1}{w_{\lim}}K\alpha_{\mathrm{cr}}\left(1.1\sigma_{\mathrm{sk}} - 0.65\frac{f_t}{\rho_{\mathrm{te}}}\right)\frac{1}{E_s}\left(1.9c_s + 0.08\frac{d_{\mathrm{eq}}}{\rho_{\mathrm{te}}}\right) \tag{8-16}$$

式中，K、E_s、c_s 和 f_t 为随机变量，K 用于表示预应力混凝土受弯构件裂缝宽度计算模式不确定性。

8.3 受弯构件裂缝宽度检验的基本表达式

根据以上建立的普通钢筋混凝土构件和预应力混凝土构件裂缝宽度检验的概率模型，编制计算程序，使得通过输入影响构件裂缝宽度随机变量的均值、均值系数和变异系数，就可得到钢筋混凝土受弯构件裂缝宽度检验基本表达式中的变异系数、保证率，以便确定裂缝宽度检验系数允许值。

8.3.1 变异系数及保证率

1. 普通钢筋混凝土构件

对于普通钢筋混凝土构件，根据8.2.1节内容，将其概率模型函数在各随机变量 X_i 的平均值 μ_{X_i} 处作泰勒级数展开，按随机变量函数统计参数的运算法则，其裂缝宽度检验的变异系数可以表达为

$$\delta_w^2 = \delta_K^2 + \frac{1}{\mu_w^2}\left[\left(\frac{\partial w}{\partial f_t}\Big|_{\mu}\cdot\mu_{f_t}\right)^2\delta_{f_t}^2 + \left(\frac{\partial w}{\partial E_s}\Big|_{\mu}\cdot\mu_{E_s}\right)^2\delta_{E_s}^2 + \left(\frac{\partial w}{\partial c_s}\Big|_{\mu}\cdot\mu_{c_s}\right)^2\delta_{c_s}^2\right] \tag{8-17}$$

其中的均值为

$$\mu_w = \frac{1}{w_{\lim}}\mu_K\alpha_{\mathrm{cr}}\left(1.1\sigma_{\mathrm{sq}} - 0.65\frac{\mu_{f_t}}{\rho_{\mathrm{te}}}\right)\frac{1}{\mu_{E_s}}\left(1.9\mu_{c_s} + 0.08\frac{d_{\mathrm{eq}}}{\rho_{\mathrm{te}}}\right) \tag{8-18}$$

相关的偏导数为

$$\frac{\partial w}{\partial K}\bigg|_\mu = \frac{1}{w_{\text{lim}}}\alpha_{\text{cr}}\left(1.1\sigma_{\text{sq}}-0.65\frac{\mu_{f_t}}{\rho_{\text{te}}}\right)\frac{1}{\mu_{E_s}}\left(1.9\mu_{c_s}+0.08\frac{d_{\text{eq}}}{\rho_{\text{te}}}\right) \qquad (8-19)$$

$$\frac{\partial w}{\partial f_t}\bigg|_\mu = -\frac{1}{w_{\text{lim}}}\mu_K\alpha_{\text{cr}}\left(0.65\frac{1}{\rho_{\text{te}}}\right)\frac{1}{\mu_{E_s}}\left(1.9\mu_{c_s}+0.08\frac{d_{\text{eq}}}{\rho_{\text{te}}}\right) \qquad (8-20)$$

$$\frac{\partial w}{\partial E_s}\bigg|_\mu = -\frac{1}{w_{\text{lim}}}\mu_K\alpha_{\text{cr}}\left(1.1\sigma_{\text{sq}}-0.65\frac{\mu_{f_t}}{\rho_{\text{te}}}\right)\frac{1}{\mu_{E_s}^2}\left(1.9\mu_{c_s}+0.08\frac{d_{\text{eq}}}{\rho_{\text{te}}}\right) \qquad (8-21)$$

$$\frac{\partial w}{\partial c_s}\bigg|_\mu = \frac{1}{w_{\text{lim}}}\mu_K\alpha_{\text{cr}}\left(1.1\sigma_{\text{sq}}-0.65\frac{\mu_{f_t}}{\rho_{\text{te}}}\right)\frac{1}{\mu_{E_s}}\times1.9 \qquad (8-22)$$

假定裂缝宽度 w 服从对数正态分布，则 w_d 的保证率为

$$p=P\{w<w_d\}=\Phi\left[\frac{\ln w_d-\ln\dfrac{\mu_w}{\sqrt{1+\delta_w^2}}}{\sqrt{\ln(1+\delta_w^2)}}\right]=\Phi\left[\frac{\ln\left(\dfrac{w_d}{\mu_w}\sqrt{1+\delta_w^2}\right)}{\sqrt{\ln(1+\delta_w^2)}}\right] \qquad (8-23)$$

其中

$$w_d=\frac{1}{w_{\text{lim}}}\mu_K\alpha_{\text{cr}}\left(1.1\sigma_{\text{sq}}-0.65\frac{\mu_{f_t}}{\chi_{f_t}\rho_{\text{te}}}\right)\frac{1}{\mu_{E_s}}\left(1.9\mu_{c_s}+0.08\frac{d_{\text{eq}}}{\rho_{\text{te}}}\right) \qquad (8-24)$$

2. 预应力混凝土构件

对于预应力混凝土构件，其裂缝宽度检验的变异系数可以表达为

$$\delta_w^2=\delta_K^2+\frac{1}{\mu_w^2}\left[\left(\frac{\partial w}{\partial f_t}\bigg|_\mu\cdot\mu_{f_t}\right)^2\delta_{f_t}^2+\left(\frac{\partial w}{\partial E_s}\bigg|_\mu\cdot\mu_{E_s}\right)^2\delta_{E_s}^2+\left(\frac{\partial w}{\partial c_s}\bigg|_\mu\cdot\mu_{c_s}\right)^2\delta_{c_s}^2\right] \qquad (8-25)$$

其中的均值为

$$\mu_w=\frac{1}{w_{\text{lim}}}\mu_K\alpha_{\text{cr}}\left(1.1\sigma_{\text{sk}}-0.65\frac{\mu_{f_t}}{\rho_{\text{te}}}\right)\frac{1}{\mu_{E_s}}\left(1.9\mu_{c_s}+0.08\frac{d_{\text{eq}}}{\rho_{\text{te}}}\right) \qquad (8-26)$$

相关的偏导数为

$$\frac{\partial w}{\partial K}\bigg|_\mu = \frac{1}{w_{\text{lim}}}\alpha_{\text{cr}}\left(1.1\sigma_{\text{sk}}-0.65\frac{\mu_{f_t}}{\rho_{\text{te}}}\right)\frac{1}{\mu_{E_s}}\left(1.9\mu_{c_s}+0.08\frac{d_{\text{eq}}}{\rho_{\text{te}}}\right) \qquad (8-27)$$

$$\frac{\partial w}{\partial f_t}\bigg|_\mu = -\frac{1}{w_{\text{lim}}}\mu_K\alpha_{\text{cr}}\left(0.65\frac{1}{\rho_{\text{te}}}\right)\frac{1}{\mu_{E_s}}\left(1.9\mu_{c_s}+0.08\frac{d_{\text{eq}}}{\rho_{\text{te}}}\right) \qquad (8-28)$$

$$\frac{\partial w}{\partial E_s}\bigg|_\mu = -\frac{1}{w_{\text{lim}}}\mu_K\alpha_{\text{cr}}\left(1.1\sigma_{\text{sk}}-0.65\frac{\mu_{f_t}}{\rho_{\text{te}}}\right)\frac{1}{\mu_{E_s}^2}\left(1.9\mu_{c_s}+0.08\frac{d_{\text{eq}}}{\rho_{\text{te}}}\right) \qquad (8-29)$$

$$\frac{\partial w}{\partial c_s}\bigg|_\mu = \frac{1}{w_{\text{lim}}}\mu_K\alpha_{\text{cr}}\left(1.1\sigma_{\text{sk}}-0.65\frac{\mu_{f_t}}{\rho_{\text{te}}}\right)\frac{1}{\mu_{E_s}}\times1.9 \qquad (8-30)$$

裂缝宽度 w 服从对数正态分布，则 w_d 的保证率为

$$p = P\{w < w_{\mathrm{d}}\} = \Phi\left[\frac{\ln w_{\mathrm{d}} - \ln \dfrac{\mu_w}{\sqrt{1+\delta_w^2}}}{\sqrt{\ln(1+\delta_w^2)}}\right] = \Phi\left[\frac{\ln\left(\dfrac{w_{\mathrm{d}}}{\mu_w}\sqrt{1+\delta_w^2}\right)}{\sqrt{\ln(1+\delta_w^2)}}\right] \tag{8-31}$$

其中

$$w_{\mathrm{d}} = \frac{1}{w_{\lim}}\mu_K \alpha_{\mathrm{cr}}\left(1.1\sigma_{\mathrm{sk}} - 0.65\frac{\mu_{f_{\mathrm{t}}}}{\chi_f \rho_{\mathrm{te}}}\right)\frac{1}{\mu_{E_{\mathrm{s}}}}\left(1.9\mu_{c_{\mathrm{s}}} + 0.08\frac{d_{\mathrm{eq}}}{\rho_{\mathrm{te}}}\right) \tag{8-32}$$

在式(8-17)~式(8-32)中:

μ$_X$——结构构件中各相应变量的均值;

χ$_X$——结构构件中各相应变量的均值系数;

δ$_X$——结构构件中各相应变量的变异系数。

8.3.2　裂缝宽度检验的基本表达式

对于钢筋混凝土构件,根据3.3节内容,按规范要求对裂缝宽度按基于概率的检验方法进行检验时,应满足

$$\kappa_{\mathrm{s,max}}^0 \leqslant \gamma_{w_{\lim}}[w_{\lim}] \tag{8-33}$$

$$\kappa_{\mathrm{s,max}}^0 = \left(\prod_{i=1}^n w_{\mathrm{s,max},i}^0\right)^{\frac{1}{n}} \tag{8-34}$$

其中

$$\gamma_{w_{\lim}} = \exp\left\{-\left(\frac{z_C}{\sqrt{n}} + k\right)\sqrt{\ln(1+\delta_X^2)}\right\} \tag{8-35}$$

式中　$i = 1, 2, \cdots, n$——裂缝宽度检验的试件个数;

$w_{\mathrm{s,max},i}^0$——第 i 个试件裂缝宽度实测值,其值与目前检验方法中裂缝宽度检验实测值相同,可称之为构件的裂缝宽度检验实测值;

$\kappa_{\mathrm{s,max}}^0$——$w_{\mathrm{s,max},i}^0$、$\cdots$、$w_{\mathrm{s,max},n}^0$ 的几何平均值,从某种角度反映了各构件裂缝宽度检验实测值的平均水平;

$\gamma_{w_{\lim}}[w_{\lim}]$——构件裂缝宽度检验系数允许值,应根据试件具体的裂缝宽度概率特性、保证率以及设计规范或设计要求的最低保证率和统计推断中的置信水平确定;

δ_w——裂缝宽度的变异系数;

$[w_{\lim}]$——现行规范对裂缝宽度的规定值。

对于裂缝宽度,无需按设计要求进行检验。

8.4　检验系数允许值

基于普通钢筋混凝土受弯构件、预应力混凝土受弯构件裂缝宽度检验的概率模型，已建立构件裂缝宽度检验的基本表达式。本节将进一步确定裂缝宽度检验基本表达式中检验系数允许值的具体数值，以建立实用的基于概率的预制混凝土受弯构件裂缝宽度检验方法。首先，讨论裂缝宽度概率模型中各基本变量的取值，包括其平均值、均值系数和变异系数；然后，通过编制的程序计算裂缝宽度在各种设定情况下的变异系数及保证率；最后，通过各因素对裂缝宽度检验基本表达式中检验系数允许值的影响情况，得到检验系数允许值的代表值，建立完整的基于概率的预制混凝土受弯构件裂缝宽度检验方法。

8.4.1　各基本变量的统计参数

对于普通钢筋混凝土构件和预应力混凝土构件，在裂缝宽度检验概率模型中，其基本变量有 K、E_s、c_s 和 f_t，根据目前有关文献中的统计资料，下面列出所有变量的统计参数，见表 8-2。

表 8-2　各基本变量的统计参数

基本变量	符号	类型	均值系数 $\chi=$平均值/标准值	变异系数 δ_X
裂缝宽度计算模式不确定系数	K	—	1	0.266
钢筋弹性模量/(N/mm²)	E_s	—	1	0.06
	E_p	—	1	0.02
保护层厚度/mm	c_s	—	1	0.03
混凝土轴心抗拉强度/(N/mm²)	f_t	C20	1.42	0.18
		C25	1.36	0.16
		C30	1.30	0.14
		C35	1.27	0.13
		C40	1.25	0.12
		C45	1.25	0.12
		C50	1.22	0.11
		C55	1.22	0.11
		C60	1.20	0.10

需要说明的是，对于普通钢筋混凝土构件，为了确定裂缝宽度的统计参数，文献[125]对116根不同截面面积、不同钢筋配筋率、不同材料强度以及不同受荷时的钢筋混凝土试验梁进行了研究，通过 χ^2 检验，认为试验数据服从正态分

布或对数正态分布,文献[125]中按对数正态分布考虑,给出了裂缝宽度计算模式不确定系数 κ 的统计参数,即 $\chi_\kappa = 1.05$ 和 $\delta_\kappa = 0.298$。同样,文献[115]中也给出了裂缝宽度计算模式不确定系数的统计参数,即 $\chi_\kappa = 1.00$ 和 δ_κ,本文按文献[115]中的统计数据计算。对预应力混凝土构件,由于缺乏相应的裂缝宽度计算模式不确定系数的统计资料,文中暂按普通钢筋混凝土构件的数值取用。普通钢筋和预应力筋的弹性模量 E_s、E_p 的统计参数分别见文献[97,126]。钢筋保护层厚度 c_s 的统计参数取文献[127]中的数值。关于混凝土轴心抗拉强度 f_t 的均值系数 χf_t 和变异系数 δf_t 的取值,同第 5 章相关内容。

8.4.2　影响检验系数允许值的参数分析

1. 普通钢筋混凝土构件

对普通钢筋混凝土构件,根据《混凝土结构设计规范》(GB 50010—2010)和裂缝宽度检验的要求以及建立的概率模型,根据式(8-8)确定构件最大裂缝宽度值达到混凝土构件设计规范所规定的正常使用要求所规定的限值时的钢筋应力值 σ_{sq},有

$$\sigma_{sq} = \left(\frac{w_{lim}E_s}{K\alpha_{cr}\left(1.9c_s + 0.08\dfrac{d_{eq}}{\rho_{te}} \right)} + 0.65\frac{f_t}{\rho_{te}} \right) \times \frac{1}{1.1} \tag{8-36}$$

考虑概率模型中各参数的取值,计算 σ_{sq} 的数值,且其值不应超过钢筋的屈服应力 f_y,进而可根据编制的计算程序得到裂缝宽度的检验系数允许值。

对普通钢筋混凝土受弯构件的裂缝宽度检验来说,影响其检验系数允许值的随机变量有 K、E_s、c_s 和 f_t 等因素。考虑到构件截面形状对裂缝宽度的概率模型无影响,为方便起见,分析时以工程中常见的矩形截面为例,考虑构件截面宽度 $b = 200 \sim 500\text{mm}$,截面高度 $h = 400 \sim 1000\text{mm}$,构件计算跨度 $l_0 = 3000 \sim 9000\text{mm}$,混凝土强度等级为 C20 ~ C40,认为按有效受拉混凝土截面面积计算的纵向受拉钢筋配筋率 $\rho_{te} = 0.012 \sim 0.03$,纵向受拉钢筋保护层厚度 $c_s = 30 \sim 65\text{mm}$,考虑受拉区纵向钢筋等效直径 $d_{eq} = 18 \sim 28\text{mm}$。为考察以上各因素对检验系数允许值的影响程度,考虑比较有代表性的情况,选取 $b = 350\text{mm}$,截面高度 $h = 600\text{mm}$,$l_0 = 6000\text{mm}$,采用 C35 混凝土、配置 HRB400,$\rho_{te} = 0.02$,$c_s = 35\text{mm}$,$d_{eq} = 22\text{mm}$,$w_{lim} = 0.3\text{mm}$ 的受弯构件为"基准构件"。下面对这些影响因素一一进行分析,得到检验系数允许值变化趋势,由于检验系数允许值变化趋势完全取决于 $\gamma_{w_{lim}}$,因此图 8-1 ~ 图 8-4 为 $\gamma_{w_{lim}}$ 的变化趋势,为方便起见,以只检验一个试件得到的数值为例,考虑置信水平 $C = 0.75$。

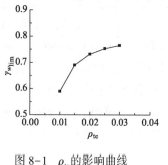

图 8-1　ρ_{te} 的影响曲线

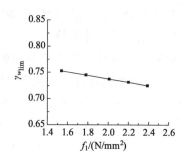

图 8-2　f_t 的影响曲线

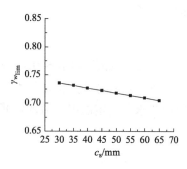

图 8-3　c_s 的影响曲线

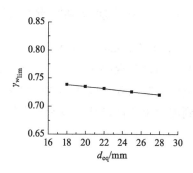

图 8-4　d_{eq} 的影响曲线

由图 8-1~图 8-4 可以看出：按有效受拉混凝土截面面积计算的纵向受拉钢筋配筋率 ρ_{te} 对裂缝宽度检验系数允许值的影响最大，随 ρ_{te} 从 0.012 到 0.03，检验系数允许值增大了 29.5%；随钢筋保护层厚度 c_s 从 30mm 到 65mm，检验系数允许值下降了 4.4%；随混凝土强度等级从 C20 到 C40，检验系数允许值下降了 3.86%；随受拉区纵向钢筋等效直径 d_{eq} 从 18mm 到 28mm，检验系数允许值下降了 2.64%。

2. 预应力混凝土构件

对于预应力混凝土构件，与普通钢筋混凝土构件的计算类似，也应先根据《混凝土结构设计规范》(GB 50010—2010) 和裂缝宽度检验的要求及建立的概率模型，考虑概率模型中各参数的取值，确定构件最大裂缝宽度值达到混凝土结构设计规范所规定的正常使用要求所规定的限值时的预应力筋等效应力值 σ_{sk}，有

$$\sigma_{sk} = \left(\frac{w_{lim} E_s}{K \alpha_{cr} \left(1.9 c_s + 0.08 \dfrac{d_{eq}}{\rho_{te}} \right)} + 0.65 \frac{f_t}{\rho_{te}} \right) \times \frac{1}{1.1} \qquad (8\text{-}37)$$

考虑概率模型中各参数的取值，进而可根据编制的计算程序得到裂缝宽度的检验系数允许值。

对于预应力混凝土受弯构件，影响其裂缝宽度检验系数允许值的参数有 K、E_s、c_s 和 f_t 等因素。考虑构件截面宽度 $b = 200 \sim 500\text{mm}$，截面高度 $h = 400 \sim 1000\text{mm}$，构件计算跨度 $l_0 = 3000 \sim 9000\text{mm}$，混凝土强度等级为 C40～C60，认为按有效受拉混凝土截面面积计算的纵向受拉钢筋配筋率 $\rho_{te} = 0.012 \sim 0.03$，纵向受拉钢筋保护层厚度 $c_s = 30 \sim 65\text{mm}$，受拉区纵向钢筋等效直径 d_{eq} 按各预应力筋类型所对应的公称直径取值。为考察以上各因素对检验系数允许值的影响程度，考虑比较有代表性的情况，选取截面宽度 $b = 350\text{mm}$，截面高度 $h = 600\text{mm}$，构件计算跨度 $l_0 = 6000\text{mm}$，采用 C45 混凝土、配置中强度预应力钢丝，其中 $\rho_{te} = 0.02$，$c_s = 35\text{mm}$，$d_{eq} = 7\text{mm}$，$w_{lim} 0.2\text{mm}$ 的预应力混凝土受弯构件为"基准构件"。下面对这些影响因素一一进行分析，得到检验系数允许值变化趋势，由于检验系数允许值变化趋势完全取决于 $\gamma_{w_{lim}}$，因此图 8-5～图 8-8 为 $\gamma_{w_{lim}}$ 的变化趋势，为方便起见，以只检验一个试件得到的数值为例，考虑置信水平 $C = 0.75$。

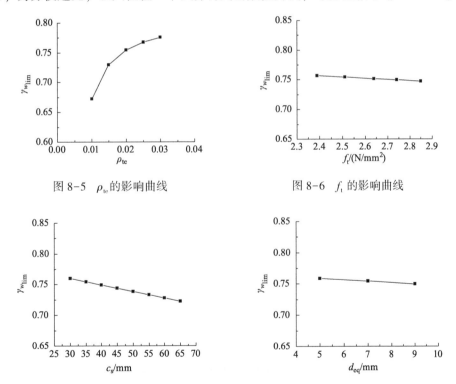

图 8-5　ρ_{te} 的影响曲线　　　　　　图 8-6　f_t 的影响曲线

图 8-7　c_s 的影响曲线　　　　　　图 8-8　d_{eq} 的影响曲线

由图 8-5～图 8-8 可以看出：按有效受拉混凝土截面面积计算的纵向受拉钢筋配筋率 ρ_{te} 对裂缝宽度检验系数允许值的影响最大，随 ρ_{te} 从 0.012 到 0.03，检验系数允许值增大了 15.3%；随钢筋保护层厚度 c_s 从 30mm 到 65mm，检验系数允许值下降了 5.26%；随混凝土强度等级从 C20 到 C40，检验系数允许值下降了 1.34%；随受拉区纵向钢筋等效直径 d_{eq} 从 18mm 到 28mm，检验系数允许值下降了 1.2%。

8.4.3 检验系数允许值

在 8.4.2 节中，已经对影响受弯构件裂缝宽度检验基本表达式中的检验系数允许的各因素进行了分析，对于普通钢筋混凝土构件和预应力混凝土构件，为了得到检验系数允许值，计这些影响因素先后取"低值"和"高值"，大体覆盖常用构件的范围。每次变动一个值进行计算，最后再让使检验系数允许值增大和减小的所有因素结合在一起，计算出"最大的" $\gamma_{w_{lim}}[w_{lim}]$ 和"最小的" $\gamma_{w_{lim}}[w_{lim}]$。将计算过程中涉及的裂缝宽度变异系数、保证率的代表值及确定的 $\gamma_{w_{lim}}$ 的计算值列于表 8-3~表 8-7。

表 8-3　普通钢筋混凝土受弯构件裂缝宽度变异系数、保证率及 $\gamma_{w_{lim}}$ 计算值

裂缝控制等级	w_{lim}/mm	变异系数	保证率/%	$\gamma_{w_{lim}}$
	0.20	0.276~0.395	65.0~88.5	0.490~0.750
三级	0.30	0.275~0.333	61.9~84.2	0.581~0.768
	0.40	0.274~0.308	60.3~80.2	0.632~0.777

表 8-4　配置中强度预应力钢丝的预应力混凝土受弯构件裂缝宽度变异系数、保证率及 $\gamma_{w_{lim}}$ 计算值

裂缝控制等级	w_{lim}/mm	变异系数	保证率/%	$\gamma_{w_{lim}}$
三级	0.10	0.271~0.365	67.5~87.4	0.526~0.757
	0.20	0.269~0.295	60.0~78.4	0.656~0.783

表 8-5　配置消除应力钢丝的预应力混凝土受弯构件裂缝宽度变异系数、保证率及 $\gamma_{w_{lim}}$ 计算值

裂缝控制等级	w_{lim}/mm	变异系数	保证率/%	$\gamma_{w_{lim}}$
三级	0.10	0.271~0.365	64.5~87.4	0.526~0.757
	0.20	0.269~0.295	60.0~78.4	0.656~0.783

表 8-6　配置钢绞线的预应力混凝土受弯构件裂缝宽度变异系数、保证率及 $\gamma_{w_{lim}}$ 计算值

裂缝控制等级	w_{lim}/mm	变异系数	保证率/%	$\gamma_{w_{lim}}$
	0.10	0.272~0.465	66.1~90.7	0.414~0.747
三级	0.20	0.269~0.328	60.9~84.4	0.584~0.778

表8-7 配置预应力螺纹钢筋的预应力混凝土受弯构件裂缝宽度
变异系数、保证率及 $\gamma_{w_{\lim}}$ 计算值

裂缝控制等级	$w_{\lim}$/mm	变异系数	保证率/%	$\gamma_{w_{\lim}}$
三级	0.10	0.277~0.538	70.8~91.7	0.355~0.718
	0.20	0.270~0.355	63.6~86.8	0.540~0.763

从表8-3~表8-7可以看出，裂缝宽度设计值保证率取值各异，最大值在90%左右，文献[128]中指出，在未考虑荷载组合影响的情况下，国外规范普遍将混凝土结构短期裂缝宽度计算值的保证率取为80%~95%，但规范 ACI 224R—01 表明，较多地采用90%。根据 Beeby 等的研究，当采用标准组合计算裂缝宽度时，正常使用极限状态的安全度设置水平没有必要过于保守，相应的裂缝宽度计算值的保证率可以降为80%左右，其研究成果表明，目前针对普通钢筋混凝土构件的裂缝宽度计算，将相应的等效保证率取为80%以上基本是恰当的。从荷载准永久组合和频遇组合下等效保证率的总体分布情况出发，综合考虑不同可变荷载类型、荷载效应比及构件受力类型后，文献[118,131-132]指出，准永久组合和频遇组合下的等效保证率总体均在75%~90%之间，相应的等效保证率均值分别为88%和90%，可以认为针对《混凝土结构设计规范》(GB 50010—2010)，采用准永久组合或频遇组合计算裂缝宽度时裂缝控制标准安全度设置水平总体均能达到要求。本文计算时，对各种情况下裂缝宽度设计值保证率的代表值列于表8-8和表8-9中。而对变异系数，按所配置钢筋类型的不同，均较保守地取大值，且尽量保证数值的规整，并由此确定相应的置信水平，见表8-8和表8-9。需要说明的是，《混凝土结构工程施工质量验收规范》(GB 50204—2015)中增加了设计要求的最大裂缝宽度限值 $w_{\lim}$ 为 0.10mm(预应力混凝土结构)时构件检验的最大裂缝宽度允许值，文中校核置信水平时，按 $w_{\lim}=0.20$mm 时所考虑的加严一级的情况考虑，即认为对 $w_{\lim}=0.10$mm 所对应的最大裂缝宽度允许值 $[w_{\max}]=0.075$。

表8-8 普通钢筋混凝土受弯构件裂缝宽度变异系数、保证率代表值及置信水平

裂缝控制等级	$w_{\lim}$/mm	变异系数	保证率/%	置信水平
三级	0.20	0.400	88.5	0.325
	0.30	0.333	85.0	0.585
	0.40	0.308	80.0	0.764

表8-9 预应力混凝土受弯构件裂缝宽度变异系数、保证率代表值及置信水平

裂缝控制等级	$w_{\lim}$/mm	变异系数	保证率/%	置信水平
三级	0.10	0.433	89.3	0.292
	0.20	0.318	82.0	0.505

由于裂缝宽度检验时不做二次抽样，因此，按抽取一个试件计算所得的结果即为相应的置信水平，无需考虑抽样数量。考虑到置信水平的取值范围和工程应用中的方便，对普通钢筋混凝土构件，认为 $w_{\lim} = 0.20\text{mm}$ 时，取 $C = 0.60$；$w_{\lim} = 0.30\text{mm}$ 时，取 $C = 0.60$；$w_{\lim} = 0.40\text{mm}$ 时，取 $C = 0.75$；对预应力钢筋混凝土构件，置信水平均取 $C = 0.60$。

这样，根据受弯构件裂缝宽度检验的基本表达式、裂缝宽度的变异系数和保证率的代表值以及相应的置信水平，就可得到裂缝宽度检验方法中检验系数允许值，建立基于概率的预制混凝土受弯构件裂缝宽度检验方法。参考表 8-1，得到构件最大裂缝宽度检验系数允许值，将其列于表 8-10 中。

表 8-10　受弯构件裂缝宽度检验系数允许值

环境类别	钢筋混凝土结构		预应力混凝土结构	
	裂缝控制等级	$\gamma_{w_{\lim}}[w_{\lim}]$	裂缝控制等级	$\gamma_{w_{\lim}}[w_{\lim}]$
一	三级	0.20(0.25)	三级	0.15
二 a				0.06
二 b		0.12	二级	—
三 a、三 b			一级	—

8.4.4　实例分析

已知一批处于正常环境中的简支梁，矩形截面 $b \times h = 220\text{mm} \times 500\text{mm}$，见图 8-9，跨中弯矩准永久值 $M_q = 80\text{kN} \cdot \text{m}$，弯矩设计值 $M = 96\text{kN} \cdot \text{m}$。混凝土强度等级为 C25（$f_{tk} = 1.78\text{N/mm}^2$），配有纵向受拉钢筋 $5 \times \phi 14$（HRB400 级），$A_s = 769\text{mm}^2$。该梁属于允许出现裂缝的构件，最大裂缝宽度限值 $w_{\lim} = 0.3\text{mm}$。裂缝宽度检验时，跨中弯矩达到 $93\text{kN} \cdot \text{m}$ 时，垂直截面裂缝宽度实测值为 0.17mm。试评定该梁裂缝宽度是否满足设计规范裂缝控制的要求。

解：$h_0 = 500 - 35 = 465\text{mm}$，$c = 30\text{mm}$，$d_{eq} = 14\text{mm}$

图 8-9　截面简图

$$\alpha_{cr} = 1.9, \quad f_{tk} = 1.78\text{N/mm}^2, \quad E_s = 2 \times 10^5 \text{N/mm}^2$$

$$\sigma_{sq} = \frac{M_q}{0.87 A_s h_0} = \frac{80 \times 10^6}{0.87 \times 769 \times 465} = 257\text{N/mm}^2$$

$$\rho_{te} = \frac{A_s}{A_{te}} = \frac{769}{0.5 \times 220 \times 500} = 0.014 > 0.01$$

$$\psi = 1.1 - 0.65 \frac{f_{tk}}{\rho_{te} \sigma_{sq}} = 1.1 - 0.65 \times \frac{1.78}{0.014 \times 257} = 0.778$$

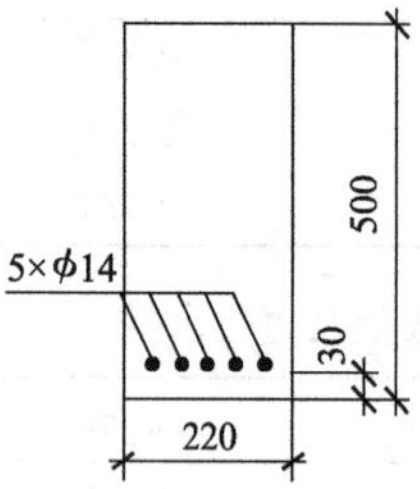

$$w_{\max} = \alpha_{cr} \psi \frac{\sigma_{sq}}{E_s} \left(1.9 c_s + 0.08 \frac{d_{eq}}{\rho_{te}} \right)$$

$$= 1.9 \times 0.778 \times \frac{257}{2 \times 10^5} (1.9 \times 30 + 0.08 \times 0.014)$$

$$= 0.242 \text{mm} < w_{\lim} = 0.3 \text{mm}$$

因此梁的最大裂缝宽度满足规范的要求。

（1）目前检验方法

根据《混凝土结构工程施工质量验收规范》，有

$$w_{s,\max,1}^0 = 0.17 \text{mm} < [w_{\max}] = 0.20 \text{mm}$$

结论：该批构件的裂缝宽度检验满足要求。

（2）基于概率的构件性能检验方法

对普通钢筋混凝土构件，$w_{\lim} = 0.30 \text{mm}$ 时，裂缝宽度检验系数允许值为

$$\gamma_{w_{\lim}} [w_{\lim}] = 0.20 \text{mm}$$

$$\kappa_{s,\max}^0 = w_{s,\max,1}^0 = 0.17 \text{mm} < 0.20 \text{mm}$$

结论：该批构件的裂缝宽度检验满足要求。

从以上结果可以看出，现行检验方法与本书中方法检验结果相同，因为当最大裂缝宽度限值 $w_{\lim} = 0.3 \text{mm}$ 时，现行检验方法中所隐含的置信水平与本书中给出的置信水平建议值相当。

9 基于试验的结构性能建模方法

结构性能的概率模型是设计中结构性能分析模型的基础，一般需结合研究性的模型或原型试验建立。获得试验数据后，除确定结构性能函数，推断未知的计算模式不定性系数的概率特性也是其中一项关键的内容。目前的试验建模中，一般采用经典统计学中的矩法推断计算模式不定性系数的概率特性，并以其为基础推断结构性能的概率特性。理论上讲，矩法仅适用于样本容量（试件数量）很大的场合，而试验建模中的试件数量往往有限，很难达到大样本容量的要求，这时采用的矩法未充分反映统计不定性的影响，推断结果会受到统计不定性的影响显著，且主要存在于对标准差的推断中，相应的等效置信水平过低，推断结果偏于冒进，直接影响对结构性能概率特性的推断，存在因过高估计结构性能而导致额外失效风险的可能。

9.1　试验建模中的统计不定性及其影响

9.1.1　结构性能的概率模型

根据试验结果建立结构性能概率模型的基本步骤为：通过对试验数据的拟合或对理论分析结果的修正建立结构性能函数；通过统计推断确定未知的计算模式不定性系数的概率特性；结合已知的结构性能影响因素的概率特性，最终建立结构性能的概率模型。

结构性能的概率模型一般可表达为：

$$Y = \eta g(X_1, \cdots, X_m) \tag{9-1}$$

式中　$g(\cdot)$——结构性能函数；

$X_1, \cdots, X_m$——几何参数、材料性能等结构性能的影响因素；

η——计算模式不定性系数。

这时结构性能 Y 的均值、标准差和变异系数等数字特征分别为：

$$\mu_Y \approx \mu_\eta \mu_g \tag{9-2}$$

$$\sigma_Y \approx \mu_\eta \mu_g \sqrt{\delta_\eta^2 + \delta_g^2} \tag{9-3}$$

$$\delta_Y \approx \sqrt{\delta_\eta^2 + \delta_g^2} \tag{9-4}$$

式中，μ_η、σ_η、δ_η 和 μ_g、σ_g、δ_g 分别为计算模式不定性系数、结构性能函数的均值、标准差和变异系数。一般假定结构性能 Y 服从对数正态分布或正态分布，这时根据结构性能 Y 的数字特征便可确定其具体的概率分布，形成完整的结构性能概率模型。

9.1.2 试验建模中的统计不定性

结构性能影响因素 X_1，$\cdots$，X_m 的概率特性一般是已知的，据此通过随机变量函数的概率运算可确定结构性能函数的数字特征 μ_g、σ_g、δ_g。试验建模中的关键问题是如何推断计算模式不定性系数 η 的数字特征 μ_η、σ_η、δ_η，而统计不定性也主要存在于对 η 的推断中。

一般假定 η 服从正态分布 $N(\mu_\eta, \sigma_\eta^2)$，并采用经典统计学中的矩法推断 μ_η、σ_η、δ_η。设 Z_1，$\cdots$，Z_n 为通过试验拟获得的 η 的 n 个样本，它们均为随机变量，且服从与 η 同样的概率分布。按照矩法，推断 μ_η、σ_η、δ_η 的统计量应分别为：

$$T_{\mu,\eta} = \bar{Z} = \frac{1}{n}\sum_{i=1}^{n} Z_i \tag{9-5}$$

$$T_{\sigma,\eta} = S_Z = \sqrt{\frac{1}{n-1}\sum_{i=1}^{n}(Z_i - \bar{Z})^2} \tag{9-6}$$

$$T_{\delta,\eta} = \frac{S_Z}{\bar{Z}} \tag{9-7}$$

样本容量不足时，即使无试验误差，也不能断定 $T_{\mu,\eta}$、$T_{\sigma,\eta}$、$T_{\delta,\eta}$ 的实现值为真实的 μ_η、σ_η、δ_η；若重复做同样的多组试验，各组的推断结果之间也往往存在差异，且样本容量越小，差异一般越大。这种因样本容量不足而产生的推断结果的不确定性被称为统计不定性。

目前尚无公认的度量统计不定性的指标。由于 $T_{\mu,\eta}$、$T_{\sigma,\eta}$、$T_{\delta,\eta}$ 亦为随机变量，因此可以其变异系数度量相应的统计不定性；但从应用的角度考虑，以一定置信水平下 $T_{\mu,\eta}$、$T_{\sigma,\eta}$、$T_{\delta,\eta}$ 的相对误差反映统计不定性的影响要更具有工程意义。

记 $T_{\mu,\eta}$、$T_{\sigma,\eta}$、$T_{\delta,\eta}$ 的相对误差分别为 $E_{\mu,\eta} = \dfrac{T_{\mu,\eta}-\mu_\eta}{\mu_\eta}$、$E_{\sigma,\eta} = \dfrac{T_{\sigma,\eta}-\sigma_\eta}{\sigma_\eta}$、$E_{\delta,\eta} = \dfrac{T_{\delta,\eta}-\delta_\eta}{\delta_\eta}$。可以证明：

$$\frac{E_{\mu,\eta}\sqrt{n}}{\delta_\eta} = \frac{T_{\mu,\eta}-\mu_\eta}{\sigma_\eta/\sqrt{n}} = \frac{\bar{Z}-\mu_\eta}{\sigma_\eta/\sqrt{n}} \tag{9-8}$$

$$(n-1)(E_{\sigma,\eta}+1)^2 = \frac{(n-1)T_{\sigma,\eta}^2}{\sigma_\eta^2} = \frac{(n-1)S_Z^2}{\sigma_\eta^2} \qquad (9-9)$$

$$\frac{\sqrt{n}}{(E_{\delta,\eta}+1)\delta_\eta} = \frac{\sqrt{n}}{T_{\delta,\eta}} = \frac{\overline{Z}\sqrt{n}}{S_Z} \qquad (9-10)$$

它们分别服从标准正态分布、自由度为 $n-1$ 的卡方分布和自由度为 $n-1$、非中心参数为 $\sqrt{n}/\delta_\eta$ 的非中心 t 分布。利用区间估计法，可得置信水平 C 下计算模式不定性系数推断结果相对误差 $E_{\mu,\eta}$、$E_{\sigma,\eta}$、$E_{\delta,\eta}$ 的上、下限，结果见表9-1，其中 $n_{(1-C)/2}$、$\chi^2_{[n-1,(1-C)/2]}$、$t_{[n-1,\sqrt{n}/\delta_\eta,(1-C)/2]}$ 分别为上述标准正态分布、卡方分布、非中心 t 分布的 $(1-C)/2$ 分位值，$n_{(1+C)/2}$、$\chi^2_{[n-1,(1+C)/2]}$、$t_{[n-1,\sqrt{n}/\delta_\eta,(1+C)/2]}$ 为它们的 $(1+C)/2$ 分位值，n 为样本容量。

表 9-1 计算模式不定性系数推断结果相对误差的上、下限

相对误差	下限	上限
$E_{\mu,\eta}$	$\dfrac{n_{(1-C)/2}\delta_\eta}{\sqrt{n}}$	$\dfrac{n_{(1+C)/2}\delta_\eta}{\sqrt{n}}$
$E_{\sigma,\eta}$	$\sqrt{\dfrac{\chi^2_{[n-1,(1-C)/2]}}{n-1}}-1$	$\sqrt{\dfrac{\chi^2_{[n-1,(1+C)/2]}}{n-1}}-1$
$E_{\delta,\eta}$	$\dfrac{\sqrt{n}}{\delta_\eta t_{[n-1,\sqrt{n}/\delta_\eta,(1+C)/2]}}-1$	$\dfrac{\sqrt{n}}{\delta_\eta t_{[n-1,\sqrt{n}/\delta_\eta,(1-C)/2]}}-1$

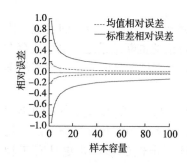

图 9-1 计算模式不定性系数推断结果相对误差的上、下限

一般情况下，变异系数 δ_η 的数值范围为 0.05~0.15。图9-1所示为 $C=0.9$、$\delta_\eta=0.15$ 的典型情况下计算模式不定性系数推断结果相对误差的上、下限。可见：样本容量较小时，矩法的推断结果存在着较大的相对误差，特别是对标准差和变异系数的推断，受统计不定性的影响显著。就一般的结构试验而言，当样本容量为较高的30时，均值的相对误差为-0.045~0.045，而标准差和变异系数为-0.219~0.211；样本容量减为10时，则分别增大为-0.078~0.078和-0.392~0.371；减为3时，则分别增大为-0.142~0.142和-0.774~0.731。

9.1.3 统计不定性对结构性能推断结果的影响

计算模式不定性系数 η 推断中的统计不定性会直接影响对结构性能 Y 的推断结果。根据式(9-2)~式(9-4)，推断结构性能 Y 均值 μ_Y、标准差 σ_Y 和变异系数

δ_Y 的统计量应分别为:

$$T_{\mu,Y} \approx T_{\mu,\eta}\mu_g \tag{9-11}$$

$$T_{\sigma,Y} \approx T_{\mu,\eta}\mu_g\sqrt{T_{\delta,\eta}^2+\delta_g^2} \tag{9-12}$$

$$T_{\delta,Y} \approx \sqrt{T_{\delta,\eta}^2+\delta_g^2} \tag{9-13}$$

除数字特征,标准值和设计值也是反映结构性能 Y 概率特性的重要指标,而且是结构分析和设计中结构性能的主要表达形式,它们在数学上可统一表达为随机变量 Y 的上侧分位值 y_p。当 Y 服从正态分布时,推断其标准值和设计值的统计量可统一表达为:

$$T_{y_p} = T_{\mu,Y}-kT_{\sigma,Y} \approx T_{\mu,\eta}\mu_g(1-k\sqrt{T_{\delta,\eta}^2+\delta_g^2}) \tag{9-14}$$

$$k = \Phi^{-1}(p) \tag{9-15}$$

式中 p——标准值或设计值的保证率;

$\Phi^{-1}(\cdot)$——标准正态分布函数的反函数。

当 Y 服从对数正态分布时,推断其标准值和设计值的统计量为:

$$T_{y_p} = \exp\{T_{\mu,\ln Y}-kT_{\sigma,\ln Y}\} \tag{9-16}$$

$$T_{\mu,\ln Y} = \ln\frac{T_{\mu,Y}}{\sqrt{1+T_{\delta,Y}^2}} \approx \ln\frac{T_{\mu,\eta}\mu_g}{\sqrt{1+T_{\delta,\eta}^2+\delta_g^2}} \tag{9-17}$$

$$\hat{\sigma}_{\ln Y} = \sqrt{\ln(1+T_{\delta,Y}^2)} \approx \sqrt{\ln(1+T_{\delta,\eta}^2+\delta_g^2)} \tag{9-18}$$

记 $T_{\mu,Y}$、$T_{\sigma,Y}$、$T_{\delta,Y}$、T_{y_p} 的相对误差分别为 $E_{\mu,Y}$、$E_{\sigma,Y}$、$E_{\delta,Y}$、E_{y_p}。由于 $T_{\mu,\eta}$ 的相对误差相对较小,为解决数学上的困难,这里在式(9-12)、式(9-14)和式(9-17)中近似取:

$$T_{\mu,\eta} = \mu_\eta \tag{9-19}$$

即忽略 $T_{\mu,\eta}$ 中统计不定性的影响。可以证明:

$$\frac{E_{\mu,Y}\sqrt{n}}{\delta_\eta} \approx \frac{T_{\mu,\eta}-\mu_\eta}{\sigma_\eta/\sqrt{n}} = \frac{\overline{Z}-\mu_\eta}{\sigma_\eta/\sqrt{n}} \tag{9-20}$$

$$\frac{\sqrt{n}}{\sqrt{(E_{\sigma,Y}+1)^2(\delta_\eta^2+\delta_g^2)-\delta_g^2}} \approx \frac{\sqrt{n}}{T_{\delta,\eta}} = \frac{\overline{Z}\sqrt{n}}{S_Z} \tag{9-21}$$

$$\frac{\sqrt{n}}{\sqrt{(E_{\delta,Y}+1)^2(\delta_\eta^2+\delta_g^2)-\delta_g^2}} \approx \frac{\sqrt{n}}{T_{\delta,\eta}} = \frac{\overline{Z}\sqrt{n}}{S_Z} \tag{9-22}$$

式(9-20)的右侧项服从标准正态分布,式(9-21)和式(9-22)的右侧项均服从自由度为 $n-1$、非中心参数为 $\sqrt{n}/\delta_\eta$ 的非中心 t 分布。利用区间估计法,表9-2中列出了相对误差 $E_{\mu,Y}$、$E_{\sigma,Y}$、$E_{\delta,Y}$ 的上、下限。按照类似的步骤,或者利用表

9-1 中变异系数推断结果相对误差 E_{y_p} 的上、下限，可得相对误差 $E_{y_p}^{'}$ 的上、下限，见表 9-2。

表 9-2　结构性能推断结果相对误差的上、下限

相对误差	下限	上限
$E_{\mu,Y}$	$\dfrac{n_{(1-C)/2}\delta_\eta}{\sqrt{n}}$	$\dfrac{n_{(1+C)/2}\delta_\eta}{\sqrt{n}}$
$E_{\sigma,Y}、\ E_{\delta,Y}$	$\sqrt{\dfrac{\left\{\sqrt{n}/t_{[n-1,\sqrt{n}/\delta_\eta,(1+C)/2]}\right\}^2+\delta_g^2}{\delta_\eta^2+\delta_g^2}}-1$	$\sqrt{\dfrac{\left\{\sqrt{n}/t_{[n-1,\sqrt{n}/\delta_\eta,(1-C)/2]}\right\}^2+\delta_g^2}{\delta_\eta^2+\delta_g^2}}-1$
E_{y_p} （正态分布）	$\dfrac{1-k\sqrt{\dfrac{\left\{\sqrt{n}/t_{[n-1,\sqrt{n}/\delta_\eta,(1-C)/2]}\right\}^2+\delta_g^2}{1-k\ \sqrt{\delta_\eta^2+\delta_g^2}}}}{}-1$	$\dfrac{1-k\sqrt{\dfrac{\left\{\sqrt{n}/t_{[n-1,\sqrt{n}/\delta_\eta,(1+C)/2]}\right\}^2+\delta_g^2}{1-k\ \sqrt{\delta_\eta^2+\delta_g^2}}}}{}-1$
E_{y_p} （对数正态分布）	$\dfrac{e^{\frac{1}{2}\left[\sqrt{\ln(1+\delta_\eta^2+\delta_g^2)}+k\right]^2}}{e^{\frac{1}{2}\left\{\sqrt{\ln[1+(\sqrt{n}/t_{(n-1,\sqrt{n}/\delta_\eta,(1-C)/2)})^2+\delta_g^2]}+k\right\}^2}}-1$	$\dfrac{e^{\frac{1}{2}\left[\sqrt{\ln(1+\delta_\eta^2+\delta_g^2)}+k\right]^2}}{e^{\frac{1}{2}\left\{\sqrt{\ln[1+(\sqrt{n}/t_{(n-1,\sqrt{n}/\delta_\eta,(1+C)/2)})^2+\delta_g^2]}+k\right\}^2}}-1$

一般情况下，变异系数 δ_g 的数值范围为 0.10～0.25。图 9-2 所示为 $C=0.9$、$\delta_\eta=0.15$、$\delta_g=0.10$、$k=1.645(p=0.95)$ 的典型情况下结构性能推断结果相对误差的上、下限。可见：样本容量较小时，计算模式不定性系数推断中的统计不定性对结构性能的推断结果也有着显著的影响，特别是对标准差和变异系数推断结果的影响。例如，当样本容量为 30 时，标准差和变异系数的相对误差为 $-0.147～0.156$，其他概率特性的相对误差总体为 $-0.066～0.062$；样本容量减为 10 时，则分别增大为 $-0.251～0.281$ 和 $-0.118～0.106$；减为 3 时，则分别增大为 $-0.415～0.605$ 和 $-0.255～0.175$。

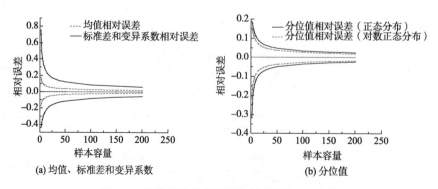

图 9-2　结构性能推断结果相对误差的上、下限

就一般的结构性能建模而言，统计不定性对结构性能推断结果的影响是不可忽略的，存在较大的因过高估计结构性能而产生额外失效风险的可能。这是目前

试验建模中涉及基本方法的一个普遍问题，对结构的可靠度分析和设计都有着全局性的影响。

9.1.4 考虑统计不定性影响的条件

计算模式不定性系数推断中的统计不定性及其对结构性能推断结果的影响与样本容量有着直接关系。由于结构性能的推断结果在工程应用中具有更重要的意义，这里根据其相对误差与样本容量之间的关系，讨论需考虑统计不定性影响的条件。

根据图9-2所示的分析结果，在0.9的置信水平下，若保证结构性能推断结果相对误差的最大绝对值不大于10%，则推断标准差和变异系数时的最小样本容量应为71，推断均值和分位值时的最小样本容量为13。若将相对误差的最大绝对值限定于5%以内，则相应的最小样本容量分别为276和51。建议以样本容量不大于70作为需考虑统计不定性影响的条件，这时标准差和变异系数推断结果的相对误差为−0.097~0.100，均值和分位值的总体为−0.042~0.041。按照这一条件，一般的试验建模中均应考虑统计不定性的影响。

另一方面，样本容量很小时，推断结果的相对误差随样本容量的减小而迅速增大；相反，增大样本容量则可显著降低相对误差的水平。图9-3所示为结构性能推断结果相对误差的最大绝对值，其变化率的样本容量分界点大致为3~5。建议试验建模中的样本容量至少应为5，即试件数量至少应为5个，否则推断结果的相对误差会迅速增大。

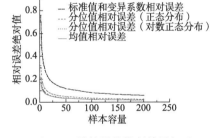

图9-3 结构性能推断结果相对误差的最大绝对值

因此，结构性能试验建模中的统计不定性主要存在于计算模式不定性系数概率特性的推断中，实际应用中可以一定置信水平下其推断结果的相对误差反映统计不定性的影响。样本容量较小时，目前试验建模中的统计不定性是显著的，特别是对标准差和变异系数推断结果的影响。计算模式不定性系数推断中的统计不定性对结构性能推断结果的影响是不可忽略的，存在较大的因过高估计结构性能而产生额外失效风险的可能。这是目前试验建模中涉及基本方法的一个普遍问题，对结构的可靠度分析和设计都有着全局性的影响。当样本容量不大于70时，试验建模中需考虑统计不定性的影响，这时在0.9的置信水平下结构性能概率特性推断结果相对误差的最大绝对值不大于10%；试验建模中的试件数量至少应为5个，否则推断结果的相对误差会迅速增大。

9.2　结构性能概率模型的小样本建模方法

9.2.1　建模的基本步骤

结构性能的概率模型一般可表达为：

$$Y = \eta g(X_1, \cdots, X_m) \tag{9-23}$$

式中　$g(\cdot)$——结构性能函数；

$X_1, \cdots, X_m$——几何参数、材料性能等影响因素；

η——反映尺寸效应、时间效应、环境条件、工艺条件等影响的计算模式不定性系数，这里将 η 分解为两部分，即：

$$\eta = \eta_t + \eta_a \tag{9-24}$$

式中　η_t——实验室条件下的计算模式不定性系数，可直接根据试验结果推断；

η_a——反映实际条件影响的计算模式不定性系数，需通过对比试验或经验分析确定。

设实验室中通过 n 个试件的试验得到 $X_1, \cdots, X_m$ 和 Y 的 n 组数据 $x_{1,i}, \cdots, x_{m,i}, y_i (i=1, 2, \cdots, n)$，这时建立结构性能概率模型的基本步骤如下。

（1）通过对试验数据的拟合或对理论分析结果的修正，建立结构性能函数 $g(\cdot)$。它一般应满足或近似满足：

$$\bar{y} = \frac{1}{n} \sum_{i=1}^{n} g(x_{1,i}, \cdots, x_{m,i}) \tag{9-25}$$

（2）确定 η_t 的值 $z_1, \cdots, z_n$，它们为结构性能 Y 的实测值与计算值的商，即：

$$z_i = \frac{y_i}{g(x_{1,i}, \cdots, x_{m,i})} \qquad i=1, 2, \cdots, n \tag{9-26}$$

并据此推断 η_t 的均值 μ_{η_t} 和标准差 σ_{η_t}。

（3）确定 η_a 的均值 μ_{η_a} 和标准差 σ_{η_a}，并计算 η 的均值 μ_η 和标准差 σ_η。

（4）根据已知的影响因素 $X_1, \cdots, X_m$ 的概率特性，确定结构性能函数 $g(X_1, \cdots, X_m)$ 的均值 μ_g 和标准差 σ_g，并计算结构性能 Y 的均值和标准差，它们分别为：

$$\mu_Y = \mu_\eta \mu_g = (\mu_{\eta_t} + \mu_{\eta_a})\mu_g \tag{9-27}$$

$$\sigma_Y \approx \sqrt{\mu_g^2 \sigma_\eta^2 + \mu_\eta^2 \sigma_g^2} = \sqrt{\mu_g^2(\sigma_{\eta_t}^2 + \sigma_{\eta_a}^2) + (\mu_{\eta_t} + \mu_{\eta_a})^2 \sigma_g^2} \tag{9-28}$$

（5）确定结构性能 Y 的概率分布形式，最终形成完整的结构性能概率模型。一般直接假定其服从对数正态分布或正态分布。

推断计算模式不定性系数的概率特性是上述建模过程中的关键步骤，这里以此为重点讨论结构性能概率模型的建模方法。

9.2.2 目前建模方法

虽然目前未明确对计算模式不定性系数 η 按式(9-24)进行分解，但其推断过程实际上包含着类似的两个步骤：根据试验结果推断实验室条件下计算模式不定性系数 η_t 的概率特性；根据经验对其做适当调整，以考虑实际条件的影响。一般采用经典统计学中的矩法推断 η_t 的均值和标准差，其结果分别为：

$$\hat{\mu}_{\eta_t} = \bar{z} = \frac{1}{n} \sum_{i=1}^{n} z_i \tag{9-29}$$

$$\hat{\sigma}_{\eta_t} = s_Z = \sqrt{\frac{1}{n-1} \sum_{i=1}^{n} (z_i - \bar{z})^2} \tag{9-30}$$

理论上讲，矩法仅适用于样本容量 n 很大的场合，而试验建模中的试件数量往往有限，很难达到大样本容量的要求，这时矩法的推断结果会受到统计不定性的影响。

所谓统计不定性指因样本容量不足而产生的推断结果的不确定性。样本容量 n 不足时，即使无试验误差，也不能断定均值、标准差的推断值 $\hat{\mu}_{\eta_t}$、$\hat{\sigma}_{\eta_t}$ 为其真值 μ_{η_t}、σ_{η_t}；若重复做同样的多组试验，各组的推断结果之间也往往存在差异，且样本容量越小，差异一般越大。这些均为推断中统计不定性的表现，一般可以一定置信水平下推断结果的相对误差反映统计不定性的影响。

设 Z_1、$\cdots$、Z_n 为通过试验拟获得的 η_t 的 n 个样本(随机变量)，且服从与 η_t 同样的概率分布，一般假定它们均服从正态分布 $N(\mu_{\eta_t}, \sigma_{\eta_t}^2)$。按照矩法，推断 μ_{η_t}、σ_{η_t} 的统计量分别为：

$$T_{\mu, \eta_t} = \bar{Z} = \frac{1}{n} \sum_{i=1}^{n} Z_i \tag{9-31}$$

$$T_{\sigma, \eta_t} = S_Z = \sqrt{\frac{1}{n-1} \sum_{i=1}^{n} (Z_i - \bar{Z})^2} \tag{9-32}$$

它们亦为随机变量，且随机性越大，推断中的统计不定性越大。令 $E_{\mu, \eta_t} = \dfrac{T_{\mu, \eta_t} - \mu_{\eta_t}}{\mu_{\eta_t}}$，$E_{\sigma, \eta_t} = \dfrac{T_{\sigma, \eta_t} - \sigma_{\eta_t}}{\sigma_{\eta_t}}$，它们分别为矩法推断结果 $\hat{\mu}_{\eta_t}$、$\hat{\sigma}_{\eta_t}$ 可能具有的相对误差。可以证明：

$$\frac{E_{\mu, \eta_t} \sqrt{n}}{\delta_{\eta_t}} = \frac{T_{\mu, \eta_t} - \mu_{\eta_t}}{\sigma_{\eta_t}/\sqrt{n}} = \frac{\bar{Z} - \mu_{\eta_t}}{\sigma_{\eta_t}/\sqrt{n}} \tag{9-33}$$

$$(n-1)(E_{\sigma,\eta_t}+1)^2 = \frac{(n-1)T_{\sigma,\eta_t}^2}{\sigma_{\eta_t}^2} = \frac{(n-1)S_Z^2}{\sigma_{\eta_t}^2} \qquad (9-34)$$

它们分别服从标准正态分布和自由度为 $n-1$ 的卡方分布。这时利用区间估计法，可得一定置信水平下相对误差 E_{μ,η_t}、E_{σ,η_t} 的上、下限。

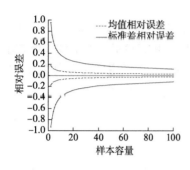

图 9-4 η_t 概率特性推断结果
相对误差的上、下限

图 9-4 所示为置信水平 $C=0.9$、变异系数 $\delta_{\eta_t}=0.15$ 的典型情况下相对误差 E_{μ,η_t}、E_{σ,η_t} 的上、下限。可见：样本容量较小时，矩法的推断结果存在着较大的相对误差，受统计不定性的影响显著，且主要存在于对标准差的推断中。换言之，矩法的推断结果，特别是对标准差的推断结果，会在较大的范围内波动，存在较大的因过高估计结构性能而导致额外失效风险的可能。

9.2.3　区间估计法

为考虑统计不定性的影响，样本容量 n 较小时，宜采用较矩法保守的方法推断 η_{η_t} 的概率特性，其中较常用的方法是区间估计法。这时可构造统计量：

$$W_{\mu,\eta_t} = \frac{\overline{Z}-\mu_{\eta_t}}{S_Z/\sqrt{n}} \qquad (9-35)$$

$$W_{\sigma,\eta_t} = \frac{(n-1)S_Z^2}{\sigma_{\eta_t}^2} \qquad (9-36)$$

它们分别服从自由度为 $n-1$ 的 t 分布和自由度为 $n-1$ 的卡方分布。分别令：

$$P\left\{\frac{\overline{Z}-\mu_{\eta_t}}{S_Z/\sqrt{n}} \leqslant t_{(n-1,C)}\right\} = C \qquad (9-37)$$

$$P\left\{\frac{(n-1)S_Z^2}{\sigma_{\eta_t}^2} \geqslant \chi_{(n-1,1-C)}^2\right\} = C \qquad (9-38)$$

在获得样本实测值 z_1，$\cdots$，z_n 后，可得均值 μ_{η_t} 的下限估计值和标准差 σ_{η_t} 的上限估计值，即：

$$\hat{\mu}_{\eta_t} = \overline{z} - \frac{t_{(n-1,C)}}{\sqrt{n}}s_Z \qquad (9-39)$$

$$\hat{\sigma}_{\eta_t} = s_Z\sqrt{\frac{n-1}{\chi_{(n-1,1-C)}^2}} \qquad (9-40)$$

式中，$t_{(n-1,C)}$、$\chi^2_{(n-1,1-C)}$ 分别为自由度为 $n-1$ 的 t 分布的 C 分位值和自由度为 $n-1$ 的卡方分布的 $1-C$ 分位值；C 为置信水平，一般取 $(0，1)$ 间较大的值，反映了对 $\mu_{\eta_t} \geqslant \hat{\mu}_{\eta_t}$ 和 $\sigma_{\eta_t} \leqslant \hat{\sigma}_{\eta_t}$ 的信任程度。

区间估计法虽可给出较矩法稳妥的结果，但推断中必须确定置信水平 C，它对推断结果有着直接影响，且数值越高，影响越大。置信水平并不存在理论上的值，需依据经验选择，受主观因素的影响较大，这给建模方法的统一和建模结果的比较带来一定的困难，不便于应用。

9.2.4 贝叶斯法

贝叶斯法同样可在小样本条件下给出较矩法稳妥的结果，但可回避对置信水平 C 的选择。这时需采取以下步骤：视计算模式不定性系数 η_t 的概率分布为关于未知参数 μ_{η_t}、σ_{η_t} 的条件概率分布 $f_{\eta_t \mid \mu_{\eta_t}, \sigma_{\eta_t}}(t \mid u_1，u_2)$，它仍为正态分布；同时，视未知参数 μ_{η_t}、σ_{η_t} 为随机变量，并利用先验信息确定其联合先验分布；利用贝叶斯公式，确定 μ_{η_t}、σ_{η_t} 的联合后验分布；利用条件概率分析方法，进一步确定 η_t 的概率分布 $f_{\eta_t}(t)$，并据此确定未知参数 μ_{η_t}、σ_{η_t} 的估计值。

贝叶斯推断中的关键问题是如何确定未知参数的先验分布，它不可避免地要受到主观因素的影响。在这一方面，Jeffreys 提出的无信息先验分布因对未知参数的取值无任何偏爱而能够较大程度地降低主观因素的影响，在贝叶斯推断中得到广泛应用。现行国际标准 ISO 2394：2015 和欧洲规范 EN 1990：2002 中均采用了基于 Jeffreys 无信息先验分布的贝叶斯法。

分布参数 μ_{η_t}、σ_{η_t} 未知时，它们的 Jeffreys 无信息联合先验分布为：

$$\pi_{\mu_{\eta_t}, \sigma_{\eta_t}}(v_1，v_2) \propto \frac{1}{v_2} \tag{9-41}$$

式中，$\propto$ 表示"正比于"。利用样本实测值 $z_1，\cdots，z_n$，可得似然函数：

$$p_{Z_1, \cdots, z_n \mid \mu_{\eta_t}, \sigma_{\eta_t}}(z_1，\cdots，z_n \mid v_1，v_2) = \prod_{i=1}^{n} \frac{1}{\sqrt{2\pi} v_2} \exp\left\{ -\frac{1}{2}\left(\frac{z_i - v_1}{v_2}\right)^2 \right\} \propto$$

$$\left(\frac{1}{v_2}\right)^n \exp\left\{ -\frac{1}{2} \frac{(n-1)s_z^2 + n(v_1 - \bar{z})^2}{v_2^2} \right\} \tag{9-42}$$

利用贝叶斯公式，可得 μ_{η_t}、σ_{η_t} 的联合后验分布：

$$\pi_{\mu_{\eta_t}, \sigma_{\eta_t} \mid z_1, \cdots, z_n}(v_1，v_2 \mid z_1，\cdots，z_n) \propto \left(\frac{1}{v_2}\right)^{n+1} \exp\left\{ -\frac{1}{2} \frac{(n-1)s_z^2 + n(v_1 - \bar{z})^2}{v_2^2} \right\}$$

$$\tag{9-43}$$

利用条件概率分析方法，可得 η_t 的概率分布：

$$f_{\eta_t}(t) = \int_0^\infty \int_{-\infty}^\infty f_{\eta_t \mid \mu_{\eta_t}, \sigma_{\eta_t}}(t \mid v_1, v_2) \pi_{\mu_{\eta_t}, \sigma_{\eta_t} \mid z_1, \cdots, z_n}(v_1, v_2 \mid z_1, \cdots, z_n) \mathrm{d}v_1 \mathrm{d}v_2$$

$$\propto \int_0^\infty \int_{-\infty}^\infty \frac{1}{\sqrt{2\pi}\, v_2} \exp\left\{ -\frac{1}{2}\left(\frac{t-v_1}{v_2}\right)^2 \right\} \left(\frac{1}{v_2}\right)^{n+1}$$

$$\exp\left\{ -\frac{1}{2} \frac{(n-1)s_Z^2 + n(v_1 - \bar{z})^2}{v_2^2} \right\} \mathrm{d}v_1 \mathrm{d}v_2$$

$$\propto \left[1 + \frac{1}{n-1}\left(\frac{t - \bar{x}}{s_Z \sqrt{1 + 1/n}}\right)^2 \right]^{-\frac{(n-1)+1}{2}} \tag{9-44}$$

故 $\dfrac{\eta_t - \bar{z}}{s_Z \sqrt{1 + 1/n}}$ 服从自由度为 $n-1$ 的 t 分布，其均值和标准差分别为 0 和 $\dfrac{n-1}{n-3}$。由此可得 μ_{η_t}、σ_{η_t} 的估计值，即：

$$\hat{\mu}_{\eta_t} = \mathrm{E}(\eta_t) = \bar{z} \tag{9-45}$$

$$\hat{\sigma}_{\eta_t} = \sqrt{D(\eta_t)} = s_Z \sqrt{\frac{n-1}{n-3}\left(1 + \frac{1}{n}\right)} \tag{9-46}$$

它适用于样本容量 $n \geq 4$ 的场合，一般的试验建模中均可满足这一要求。

这里的贝叶斯法与一般的贝叶斯法存在着差别。按一般贝叶斯法，在得到 μ_{η_t}、σ_{η_t} 的联合后验分布后，则分别确定 μ_{η_t}、σ_{η_t} 的边缘分布，并以 μ_{η_t}、σ_{η_t} 的均值作为其估计值。根据式(9-43)，μ_{η_t}、σ_{η_t} 的边缘分布分别为：

$$\pi_{\mu_{\eta_t} \mid z_1, \cdots, z_n}(v_1 \mid z_1, \cdots, z_n) = \frac{1}{s_Z/\sqrt{n}} \frac{\Gamma(n/2)}{\sqrt{(n-1)\pi}\,\Gamma[(n-1)/2]} \left[1 + \frac{1}{n-1}\left(\frac{v_1 - \bar{z}}{s_Z/\sqrt{n}}\right)^2 \right]^{-\frac{(n-1)+1}{2}} \tag{9-47}$$

$$\pi_{\sigma_{\eta_t} \mid z_1, \cdots, z_n}(v_2 \mid z_1, \cdots, z_n) = \frac{(n-1)s_Z^2}{v_2^3} \frac{1}{2^{n/2}\Gamma(n/2)} \left[\frac{(n-1)s_Z^2}{v_2^2} \right]^{\frac{n}{2}-1} \mathrm{e}^{-\frac{1}{2}\frac{(n-1)s_Z^2}{v_2^2}} \tag{9-48}$$

故 $\dfrac{\mu_{\eta_t} - \bar{z}}{s_Z/\sqrt{n}}$ 服从自由度为 $n-1$ 的 t 分布，$\dfrac{(n-1)s_Z^2}{\sigma_{\eta_t}^2}$ 服从自由度为 n 的卡方分布。利用这两个分布的性质，通过积分计算，可得一般贝叶斯法的估计值，即：

$$\hat{\mu}_{\eta_t} = \mathrm{E}(\mu_{\eta_t}) = \bar{z} \tag{9-49}$$

$$\hat{\sigma}_{\eta_t} = \mathrm{E}(\sigma_{\eta_t}) = \frac{\Gamma[(n-1)/2]}{\Gamma(n/2)} \sqrt{\frac{n-1}{2}}\, s_Z \tag{9-50}$$

9.2.5 对比分析

无论采用矩法、区间估计法、一般贝叶斯法还是本书贝叶斯法，样本容量较小时推断中的统计不定性都是存在的。矩法和区间估计法推断中的统计不定性表现为统计量的随机性，而贝叶斯法推断中的则表现为分布参数的随机性。

矩法是依据统计量的均值建立的，未充分考虑统计量的随机性，因此也不能充分反映统计不定性对推断结果的影响。区间估计法则是依据统计量的分位值建立的，置信水平较高时，其考虑统计量随机性的程度亦较高，可较充分地反映统计不定性的影响。一般贝叶斯法是依据分布参数的后验分布建立的，它以均值作为分布参数的推断结果，亦不能充分反映统计不定性的影响。文中贝叶斯法是以分布参数的后验分布为权函数，按式(9-44)对 η_t 的条件概率分布加权平均后，依据 η_t 的概率分布建立的，它考虑了分布参数所有可能的取值及其概率，这也意味着它可全面反映统计不定性对推断结果的影响；相对而言，区间估计法是局部地反映了统计不定性的影响。

矩法、贝叶斯法中虽无置信水平的概念，但隐含着等效的置信水平。令它们的推断结果与区间估计法相等，便可确定相应的等效置信水平。例如，对于本书中贝叶斯法，可令

$$\bar{z} = \bar{z} - \frac{t_{(n-1,C)}}{\sqrt{n}} s_Z \tag{9-51}$$

$$s_Z \sqrt{\frac{n-1}{n-3}\left(1+\frac{1}{n}\right)} = s_Z \sqrt{\frac{n-1}{\chi^2_{(n-1,C)}}} \tag{9-52}$$

通过独立求解关于 C 的这两个方程，可分别确定 μ_{η_t}、σ_{η_t} 推断结果的等效置信水平。

图 9-5 所示为矩法和贝叶斯法推断结果的等效置信水平，可见：均值推断结果的等效置信水平均为 0.5；在标准差的推断中，矩法和一般贝叶斯法的等效置信水平相近，但均低于 0.5，特别是当样本容量较小时；本书中贝叶斯法中标准差推断结果的等效置信水平在样本容量为 4~70 时为 0.58~0.85，且样本容量越小，等效置信水平越高。统计不定性的影响主要存在于对标准差的推断中，等效置信水平越高，对

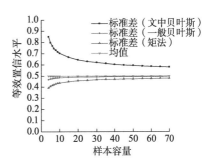

图 9-5 矩法和贝叶斯法推断结果
的等效置信水平

统计不定性的考虑越充分。按区间估计法的观点，标准差推断结果的等效置信水平应高于 0.5，特别是在样本容量较小时。文中贝叶斯法的等效置信水平满足这种一般性的要求，但矩法和一般贝叶斯法的等效置信水平过低。

对于均值，矩法和贝叶斯法的推断结果均为 $\bar{z}$；区间估计法的则低于 $\bar{z}$，较为

稳妥。但相对而言，均值推断结果的相对误差较小，$n=5$ 时为 $-0.110 \sim 0.110$，$n=10$ 时则缩减为 $-0.078 \sim 0.078$，受统计不定性的影响有限，按矩法和贝叶斯法可给出相对准确的结果。

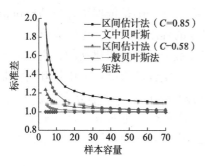

图 9-6　各种方法中标准差的推断结果

为比较标准差的推断结果，这里取 $s_Z=1$。图 9-6 所示为各种方法中标准差的推断结果，可见：矩法的最低；一般贝叶斯法的与之相近；区间估计法的推断结果与置信水平有关，但置信水平为 0.58 时已明显高于前两种方法的结果，特别是在样本容量较小时；本书中贝叶斯法的推断结果亦明显高于矩法和一般贝叶斯法的结果，介于置信水平为 0.58 和 0.85 的区间估计法的结果之间，且样本容量越小，数值越大。按区间估计法推断材料强度的标准值时，一般取置信水平为 $0.60 \sim 0.90$。参考这一标准，本书中贝叶斯法的推断结果是适中的，但矩法和一般贝叶斯法的偏于冒进。

综上所述，本书中贝叶斯法不仅回避了区间估计法中因置信水平的选择而带来的困难，更便于应用，而且可全面反映统计不定性的影响，其均值的推断结果相对准确，而标准差推断中的等效置信水平可满足一般性的要求，推断结果稳妥、适中，可作为小样本条件下建立结构性能概率模型的一个基本方法。

参 考 文 献

[1] ISO 2394：2015, General principles on reliability for structures[S]. Geneva：International Organization for Standardization，1998.

[2] 潘景龙. 混凝土结构性能评定与检测[M]. 哈尔滨：黑龙江科学技术出版社，1997.

[3] 徐有邻. 预制混凝土构件结构性能的检验与评定[J]. 混凝土，1992(05)：3-10.

[4] TJ 10—89, 钢筋混凝土结构设计规范[S]. 北京：中国建筑工业出版社，1974.

[5] GB 50010—2010, 混凝土结构设计规范[S]. 北京：中国建筑工业出版社，2010.

[6] GB 50204—2015, 混凝土结构工程施工质量验收规范[S]. 北京：中国建筑工业出版社，2015.

[7] TJ 321—76, 建筑安装工程质量检验评定标准：钢筋混凝土预制构件工程[S]. 北京：中国建筑工业出版社，1976.

[8] 中华人民共和国国务院. 绿色建筑行动方案[R]. 2013.

[9] 钱志峰，陆惠民. 对我国建筑工业化发展的思考[J]. 江苏建筑，2008(S1)：71-73.

[10] 曾令荣，吴雪樵，张彦林. 建筑工业化——我国绿色建筑发展的主要途径与必然选择[J]. 居业，2012(03)：94-96.

[11] 王南. 绿色建筑的本土化与工业化[J]. 四川建筑，2014(04)：88-89.

[12] 叶明，武洁青. 关于推动新型建筑工业化发展的思考[J]. 住宅产业，2013(Z1)：11-14.

[13] 钟志强. 浅谈住宅产业化与建筑工业化[J]. 住宅产业，2011(Z1)：48-50.

[14] 孙文波. 我国住宅产业化的发展历程与概念梳理[J]. 房地产导刊，2013(29)：1-2.

[15] 钟志强. 新型住宅建筑工业化的特点和优点浅析[J]. 住宅产业，2011(12)：51-53.

[16] 潘志宏，李爱群. 住宅建筑工业化与新型住宅结构体系[J]. 施工技术，2008(02)：1-4.

[17] 朱敏涛，李直. 预制混凝土生产技术与应用新进展[J]. 上海建设科技，2011(06)：58-61.

[18] 贺灵童，陈艳. 建筑工业化的现在与未来[J]. 工程质量，2013(02)：1-8.

[19] 盛宝柱，陈楠. 新常态下发展建筑工业化的思考[J]. 唐山学院学报，2015(04)：34-36.

[20] 贾晓英. 建筑工业化与工业化建筑[J]. 科技信息，2012(22)：435.

[21] 仇保兴. 仇保兴在第十届国际绿色建筑与建筑节能大会上作主题演讲——普及绿色建筑的捷径——装配式住宅[J]. 建设科技，2014(06)：15.

[22] 仇保兴. 关于装配式住宅发展的思考[J]. 住宅产业，2014(Z1)：10-16.

[23] 郭彪. 日本鹿岛住宅建筑工业化技术与工程实践[J]. 住宅产业，2012(06)：76-80.

[24] 蒋勤俭，刘昊，钟志强. 混凝土预制构件行业发展与定位问题的思考[J]. 混凝土世界，2011(04)：20-22.

[25] 蒋勤俭，钟志强. 2011 年中国预制混凝土构件行业发展概况[J]. 预制混凝土，2012, 31(1)：94-99.

[26] 李晨光. 新型现代预制预应力混凝土结构体系在住宅产业化中的应用[J]. 施工技术，2010(03)：16-19.

[27] 李湘洲. 国外住宅建筑工业化的发展与现状(一)——日本的住宅工业化[J]. 中国住宅设施, 2005(01): 56-58.

[28] 李湘洲, 刘昊宇. 国外住宅建筑工业化的发展与现状(二)——美国的住宅工业化[J]. 中国住宅设施, 2005(02): 44-46.

[29] 刘长发, 曾令荣, 林少鸿, 等. 日本建筑工业化考察报告(节选二)(续一)[J]. 21世纪建筑材料居业, 2011(02): 73-84.

[30] 全国政协. 全国政协双周协商座谈会建言"建筑产业化"[R]. 2013.

[31] 余松, 张俊娅. 国外住宅建筑工业化的发展[J]. 住宅科技, 1990(09): 25-26.

[32] 徐有邻. 非标准预制构件的结构性能检验[J]. 混凝土, 1993(05): 1-8.

[33] 赵国藩. 钢筋混凝土结构按极限状态计算[M]. 建筑工程出版社, 1961.

[34] GBJ 68—84, 建筑结构设计统一标准[S]. 北京: 中国建筑工业出版社, 1984.

[35] GB 50153—92, 工程结构可靠性设计统一标准[S]. 北京: 中国建筑工业出版社, 1992.

[36] EN 1990: 2002. Basis of structural design[S]. London: UK: BSI, 2002.

[37] GB 50153—2008, 工程结构可靠性设计统一标准[S]. 北京: 中国建筑工业出版社, 2008.

[38] 车旭杰. 浅析结构理论进程中结构试验的意义[J]. 科协论坛(下半月), 2011(03): 98

[39] GB 50152—2012, 混凝土结构试验方法标准[S]. 北京: 中国建筑工业出版社, 1992.

[40] 王吉民. 土木工程试验[M]. 北京: 北京大学出版社, 2011.

[41] 王天稳. 土木工程结构试验[M]. 武汉: 武汉理工大学出版社, 2006.

[42] 易伟建, 张望喜, 姚振纲. 建筑结构试验[M]. 北京: 中国建筑工业出版社, 2005.

[43] 周明华, 王晓, 毕佳, 等. 土木工程结构试验与检测[M]. 南京: 东南大学出版社, 2002.

[44] 王娴明. 建筑结构试验[M]. 北京: 清华大学出版社, 1988.

[45] 阳利君, 徐丽丽. 结构试验在结构理论发展中的作用[J]. 中小企业管理与科技(上旬刊), 2010(03): 250-251.

[46] Marcela Karmaz I Nov A. Structural members design resistance based on the methods using the design assisted by testing philosophy[J]. Modern building materials, structures and techniques, 2010: 667-674.

[47] Marcela Karmaz I Nov A, Jindrich J. Melcher. Design assisted by testing applied to the determination of the design resistance of steel-concrete composite columns[J]. Mathematical Methods and Techniques in Engineering and Environmental Science, 2011: 420-425.

[48] Giorgio Monti, Silvia Alessandri, Silvia Santini. Design by testing: A procedure for the statistical determination of capacity models[J]. Construction and Building Materials, 2009, 23(4): 1487-1494.

[49] Marcela Karmaz I Nov A, Jindrich J. Melcher. Methods of the design assisted by testing——applicable tools for the design resistance evaluation using test results[J]. Mathematical Models and Methods in Modern, 2011: 31-36.

[50] M. Laine. Design of Steel Purlins Based on Testing: Test and Interpretation of Test Results

[J]. Construct. Steel Res. , 1998, 46: 189-190.

[51] Dan Dubina. Structural analysis and design assisted by testing of cold-formed steel structures [J]. Thin-Walled Structures , 2008, 46: 741-764.

[52] Zadanfarrokh F, Bryan ER. Testing and design of bolted connection in cold-formed steel structures[M]. University of Missouri-Rolla, St. Louis, Missouri, USA, 1992.

[53] 卢锡鸿. 预制混凝土构件结构性能检验参数的确定[J]. 建筑技术, 1996(10): 690-693.

[54] 徐有邻. 预制构件结构性能检验的合理加载程序[J]. 混凝土及加筋混凝土, 1986(05): 9-17.

[55] 徐有邻. 预制构件结构性能检验若干问题的讨论[J]. 混凝土及加筋混凝土, 1987(06): 11-18.

[56] 徐有邻. 预制构件结构性能检验若干问题的再讨论[J]. 混凝土及加筋混凝土, 1989(01): 2-6.

[57] 唐吉福. 预应力混凝土构件结构性能检验与评定[J]. 广西土木建筑, 1995(02): 71-76.

[58] 苍海军, 金志国. 非标准预制构件的镶拼式钢模板[J]. 冶金建筑, 1964(07): 41.

[59] 吴蓉, 夏龙兴, 张彩霞, 吴飞. 非模数制预制构件结构性能检验的商榷[J]. 混凝土与水泥制品, 2003(02): 48-49.

[60] 钢筋混凝土预制构件工程质量检验评定标准编制组. 钢筋混凝土预制构件的质量检验——《建筑安装工程质量检验评定标准》钢筋混凝土预制构件工程(TJ 321—76)简介[J]. 建筑结构, 1976(06): 1-12.

[61] 钢筋混凝土预制构件工程质量检验评定标准编制组. 钢筋混凝土预制构件的质量检验[J]. 冶金建筑, 1977(03): 28-33.

[62] 钢筋混凝土预制构件工程质量检验评定标准编制组. 钢筋混凝土预制构件的质量检验: 预应力混凝土施工及验收规范(建规3—60)[S]. 北京: 中国建筑工业出版社, 1960.

[63] 徐有邻. 混凝土构件承载力评定的检验方法[J]. 建筑科学, 1990(03): 56-62.

[64] 徐有邻.《预制混凝土构件质量检验评定标准》中的几个问题[J]. 建筑科学, 1990(02): 60-63.

[65] 徐有邻. 预制混凝土构件检验评定标准的若干特点[J]. 混凝土, 1990(01): 27-30.

[66] GBJ 321—90. 预制混凝土构件质量检验评定标准[S]. 北京: 中国建筑工业出版社, 1990.

[67] GB 50204—92. 混凝土结构工程施工及验收规范[S]. 北京: 中国建筑工业出版社, 1992.

[68] GB 50010—2002. 混凝土结构设计规范[S]. 北京: 中国建筑工业出版社, 2002.

[69] GB 50204—2002 (2011 版). 混凝土结构工程施工质量验收规范[S]. 北京: 中国建筑工业出版社, 2011.

[70] 钟湘江, 吴彦. 预制空心板结构性能检验方法探讨[J]. 中南公路工程, 2003(01): 39-41.

[71] 顾红祥, 周燕, 邸小坛. 24m预应力混凝土屋架结构性能检验分析[J]. 建筑科学, 2006(03): 93-95.

[72] 苗健. 淺談預應力混凝土空心板的結構性能檢驗方法[J]. 計量與測試技術，2009(07)：36-38.

[73] 蔣志軍，李磊，熊兆濤. 預應力混凝土吊車梁結構性能檢測[J]. 工程質量，2010(01)：9-11.

[74] 吳濱，高峰，龔曉江. 大跨度 SP 預應力混凝土空心板結構檢驗[J]. 森林工程，1999(02)：59-60.

[75] 顧紅祥，聶玲，龔澤田. 9m 預應力混凝土屋面板結構性能檢驗[J]. 嘉應大學學報，2002(03)：69-73.

[76] 姜純義. 鋼管式屋架製作及其結構性能檢驗[J]. 建築技術，1993(03)：270-271.

[77] 謝咸頌，丁雄峰，朱朝暉. 竹筋混凝土樓板的結構性能檢驗及評估[J]. 工程建設與設計，2010(11)：39-42.

[78] 孫龍珍，程紅恩. 對 02YG201 預應力混凝土空心板結構性能檢驗的探討[J]. 土木建築學術文庫，2008(9)：519-520.

[79] 徐有鄰，姜紅，郭少先. 雙鋼筋疊合樓板結構性能的檢驗[J]. 建築技術，1993(12)：727-730.

[80] 司炳艷，袁慶蓮. 預應力混凝土空心板結構性能檢測方法探析[J]. 中外建築，2005(3).

[81] 田永亮. 構件結構性能兩套檢驗荷載的銜接[J]. 河北建築工程學院學報，1997(02)：34-36.

[82] 茆詩松，王靜龍，史定華. 統計手冊[M]. 北京：科學出版社，2003.

[83] 茆詩松. 貝葉斯統計[M]. 北京：中國統計出版社，2005.

[84] GB 50292—1999. 民用建築可靠性鑒定標準[S]. 北京：中國建築工業出版社，1999.

[85] JCSS probabilistic model code(Part 3)[S]. Copenhagen, Denmark：Joint Committee on Structural Safety，2001.

[86] 濮曉龍，茆詩松，王靜龍. 高等數理統計[M]. 北京：高等教育出版社，施普林格出版社，1998.

[87] H. Jeffreys. Theory of probability[M]. London：Oxford at the Clarendon Press，1961.

[88] 李繼華，林忠民. 建築結構概率極限狀態設計[M]. 北京：中國建築工業出版社，1990.

[89] 張東東. 混凝土梁式橋結構構件正常使用極限狀態可靠性評估[D]. 長安大學，2009.

[90] 杜斌. 既有預應力混凝土橋梁結構可靠度與壽命預測研究[D]. 西南交通大學，2010.

[91] 余安東，葉潤修. 建築結構的安全性和可靠性[M]. 上海：上海科學技術文獻出版社，1986.

[92] 包華，葉忠. 用"預應力度法"計算構件抗裂檢驗係數容許值[J]. 南通工學院學報，2000(02)：11-14.

[93] 潘景龍，李玉華，葉林. 對預應力混凝土構件抗裂檢驗係數容許值[γ_{cr}]計算公式的討論[J]. 哈爾濱建築大學學報，1997(01)：25-27.

[94] 梁興文，王社良，李曉文. 混凝土結構設計原理[M]. 北京：科學出版社，2003.

[95] 過鎮海，時旭東. 鋼筋混凝土原理和分析[M]. 北京：清華大學出版社，2006.

[96] 李國平. 預應力混凝土結構設計原理[M]. 北京：人民交通出版社，2009.

[97] 王磊，张旭辉，马亚飞，张建仁．混凝土梁后张预应力损失的概率特征及敏感性评估 [J]．安全与环境学报，2012(05)：204-210.

[98] 潘钻峰，吕志涛．基于不确定性分析的大跨径 PC 箱梁桥后期备用束设计[J]．建筑科学 与工程学报，2010(03)：1-7.

[99] 蒲黔辉，杨永清．部分预应力混凝土梁塑性铰区长度的研究[J]．西南交通大学学报， 2002(02)：195-198.

[100] 姜锐，苏小卒．塑性铰长度经验公式的比较研究[J]．工业建筑，2008(S1)：425-430.

[101] 贡金鑫，魏巍巍．工程结构可靠性设计原理[M]．北京：机械工业出版社，2012.

[102] 吴增良．基于相关性分析的既有结构抗力推断方法[D]．西安建筑科技大学，2008.

[103] 宋建夏，金宝宏，倪晓，杨维武．截面尺寸变化对混凝土 T 形梁延性的影响[J]．宁夏 工程技术，2006(04)：343-345.

[104] 吴运华．截面设计的几种解法——略谈单筋矩形截面梁正截面承载力计算[J]．长春理 工大学学报(高教版)，2007(02)：137-138.

[105] 胡理，梁博，汤学宏．合理考虑梁受压钢筋的配筋设计方案[J]．土木建筑工程信息技 术，2011(03)：6-10.

[106] 沈蒲生．钢筋混凝土与预应力混凝土受弯及轴拉构件的最小配筋率[J]．建筑结构， 1986(04)：20-24.

[107] GB 50009—2012．建筑结构荷载规范[S]．北京：中国建筑工业出版社，2012.

[108] 赵国藩，廖婉卿，王健．部分预应力混凝土及钢筋混凝土构件的裂缝控制[J]．土木工 程学报，1982(04)：11-17.

[109] 赵国藩．钢筋混凝土构件裂缝控制可靠度的近似概率分析[J]．工业建筑，1984(01)： 24-29.

[110] 变形裂缝专题研究组．钢筋混凝土构件的抗裂度及裂缝宽度问题[J]．工业建筑，1983 (3)：52-56.

[111] Ali S. Al-Harthy. Reliability analysis and reliability based design of prestressed concrete struc-tures[D]. Colo：University of Colorado at Boulder, 1992.

[112] Ali S. Al-Harthy, Dan M. Frangopol. Reliability assessment of prestressed concrete beams [J]. J. Struct. Eng, 1994(120)：180-199.

[113] Ali S. Al-Harthy, Dan M. Frangopol. Reliability-based design of prestressed concrete beams [J]. J. Struct. Eng, 1994(120)：3156-3177.

[114] 刘金华．基于性能试验的既有结构的可靠性评定[D]．西安建筑科技大学，2008.

[115] 史志华，胡德，陈基发，林忠民．钢筋混凝土结构构件正常使用极限状态可靠度的研究 [J]．建筑科学，2000(06)：4-11.

[116] D. Honfi, A. Martensson, S. Thelandersson. Reliability of beams according to Eurocodes in serviceability limit state[J].

[117] 蔡长丰，楼建军．钢筋混凝土桥梁构件正常使用极限状态挠度可靠度分析[J]．公路工 程，2008(01)：21-22.

[118] 李扬．混凝土结构裂缝控制的安全度设置水平研究[D]．武汉大学，2013.

［119］ DL/T 5057—2009. 水工混凝土结构设计规范［S］. 北京：中国电力出版社，2009.

［120］ SL 191—2008. 水工混凝土结构设计规范［S］. 北京：中国水利水电出版社，2009.

［121］ JTS 151—2011. 水运工程混凝土结构设计规范［S］. 北京：人民交通出版社，2011.

［122］ ACI 318—11 and ACI 318R—11. Building code requirements for structural concrete and commentary［S］. Farmington Hills，Mich：ACI Committee Institute，2011.

［123］ BS 8110—97. Structure use of concrete Part 1：Code of practice for design and construction ［S］. London：British Standards Institution，1997.

［124］ EN 1992-1-1：2004. Eurocode 2：Design of concrete structures，part 1-1：General rules and rules for buildings［S］. London，British Standards Institution，2004.

［125］ Qin Quan，Zhao Gengwei. Calibration of reliability index of RC beams for serviceability limit state of maximum crack width［J］. Reliability Engineering & System Safety，2002（75）：359-366.

［126］ GMACGREGOR，S A MIRZA D. Flexural strength reduction factor for bonded prestressed concrete beams［J］. ACI Journal，1980，4（77）：237-245.

［127］ 李扬，侯建国. 基于耐久性考虑的混凝土构件裂缝控制安全度设置水平研究［J］. 建筑结构学报，2009（S20）：271-275.

［128］ 赵国藩. 钢筋混凝土结构的裂缝控制［M］. 北京：海洋出版社，1991.

［129］ ACI 224R—01. Control of Concrete Structures ［S］. Farmington Hills：Mich.，2001.

［130］ Beeby A. W. The prediction of crack widths in hardened concrete［J］. The structural engineer，1979，1（57）：9-17.

［131］ 李扬，侯建国. 基于等效保证率的混凝土梁裂缝控制安全度设置水平研究［J］. 建筑结构学报，2009（S2）：276-280.

［132］ 李扬，侯建国. 国内外混凝土构件裂缝控制安全度设置水平的比较［J］. 建筑结构，2011（02）：124-127.